中国国家地理·自然教育
CHINESE NATIONAL GEOGRAPHY NATURE EDUCATION

中国国家地理的自然课

课本里 的 妙趣植物

中国国家地理自然教育中心 / 编著

独见工作室 / 绘

U0160812

中信出版集团 | 北京

图书在版编目（CIP）数据

课本里的妙趣植物 / 中国国家地理自然教育中心编
著；独见工作室绘 . -- 北京：中信出版社，2023.8
（中国国家地理的自然课）
ISBN 978-7-5217-5761-3

Ⅰ.①课… Ⅱ.①中… ②独… Ⅲ.①自然科学—青
少年读物 Ⅳ.① N49

中国国家版本馆 CIP 数据核字（2023）第 097363 号

课本里的妙趣植物

（中国国家地理的自然课）

编　著　者：中国国家地理自然教育中心
绘　　　者：独见工作室
出版发行：中信出版集团股份有限公司
　　　　　（北京市朝阳区东三环北路27号嘉铭中心　邮编　100020）
承　印　者：宝蕾元仁浩（天津）印刷有限公司

开　　本：720mm×970mm　1/16　　　印　　张：11.25　　　字　　数：275千字
版　　次：2023年8月第1版　　　　　　印　　次：2023年8月第1次印刷
书　　号：ISBN 978-7-5217-5761-3
定　　价：49.80元

出　　品：中信儿童书店
图书策划：好奇岛
策划制作：中国国家地理自然教育中心
特约主编：宋静茹
执行主编：罗心宇
文字作者：罗心宇　冯骐　周娟　关希源　赵懿盛　巴久时　张天迎
特约编辑：王思一　赫志洁　黄一鑫
插图绘制：赵参　梁译丹　许音音　梁明
封面绘制：丁立依
装帧设计：谢佳静　李艳芝　梁明
策划编辑：鲍芳　明立庆
责任编辑：程凤
科学审校：顾有容
营　　销：中信童书营销中心

序言

　　中国国家地理大家庭的每一位成员，都经常会思考这样一个问题——要如何把科学传播给每一个人。曾经，我们的目标读者是对地理学感兴趣的中产人群，而中国国家地理历经二十余年的发展，成为中国最受欢迎的科学传媒之一，这个任务的内涵已经扩大了许多。无论是古稀之年的老人，还是牙牙学语的孩童，都需要去了解科学，爱上科学，掌握科学。同时，科学传播始终有两个难点：如何选出读者感兴趣的话题，怎样说出读者听得懂的话语。当我们着眼于带着孩子们认识大千世界的基本规律时，如何讲好科学故事就显得尤为重要了。

　　为了给孩子讲好科学故事，中国国家地理自然教育中心进行了一次让人眼前一亮的尝试，大胆地选择了孩子们的小学语文课本作为灵感的来源。语文课本可以说是一套包罗万象的读物，在编辑部，我们不无夸张地称它是"一成语文，九成通识"。承载在美丽的汉语文身上的，是历史、文化、家国情怀，是经济、劳动和道德品质。除此之外，我们发现，贯穿于整个小学六个年级语文中的一条重要知识线，就是博物学的天地万物。通过六年的学习，孩子们不仅掌握了汉语的听说读写，更是建立了对世界的基本认知，这种认知将在不知不觉中影响终身。相信即使是已为人父母的大人，也能清晰地记起小壁虎的尾巴如何失而复得，"猹"如何敏捷地避开闰土的钢叉，并至今对那故事背后的科学知识充满了好奇。

这就是我们的出发点。我们仔细地通读了小学语文课本，从中找到了各种各样的与自然万物相关的话题点：宇宙、地球、四季、气候、山川、湖泊、动物、植物、生命、演化……当我们将这些散碎的拼图拼接起来，赫然看到了一幅关于天地万物运行之理的壮阔画卷。从地球的位置和条件，到环境的形成和特点，再到生命的生存和演化，都包含在画卷当中，这与我们一直以来的带给小读者们大格局的科学故事的想法不谋而合。于是，我们按照"地球和环境如何形成，动物与植物如何生存"的思路搭建了全书的框架，又对各个话题点进行了提炼、辨析、深化和扩展，终于借课本之力，为小读者们呈现出了一个妙趣横生的生命星球。

"中国国家地理的自然课"是我们送给孩子的一份礼物。希望读过它之后，孩子们会对语文课堂多一些兴趣，对自然科学多一点了解，对这个世界多一份探究。打开书本时，可以把书读厚；合上书本后，能够把路走远。

《中国国家地理》杂志社社长兼总编辑 李栓科

目录

第 1 章
植物的防御

　　和动物一样，植物要生存于世，也必须保证自己不被吃掉。但植物既不会飞，也不会跑，它们必须利用自身生长出的东西，来搭建被动防御的屏障。

　　在鲁班造锯的故事中，割伤鲁班手的叶子就是颇具代表性的一个例子，其上有划伤皮肤的锯齿，让大型食草动物不愿靠近，而且锯齿中还含有粗粝物质，也会磨损蝗虫等昆虫的口器。让我们一起看看，植物是怎么利用其长出的十八般兵器，抵御动物天敌的。

各种各样的刺

　　植物最常见的**防身武器**，应该就是尖锐锋利的刺了。长刺是植物用来抵御大型食草动物的有效手段，多数动物都不愿冒着嘴被扎破的风险去吃那些带刺的植物。当有刺的植物聚成丛时，更是连穿过去都困难。爬过山的人，几乎都在植物的刺上吃过亏；而当人们尝试将刺从自己的皮肤或者衣服里拔出来时，还会发现，不同植物的刺，形状和强度**各不相同**，相应地，还有各种不同的具体功能。

　　草的叶子各不相同，有长有短，有宽有窄，有的还带着刺。

—— 部编版小学语文课本，三年级（上）
《读不完的大书》

003

铿锵的蔷薇

苏联的教育家苏霍姆林斯基写过这样一个故事：小男孩一家人在森林里玩，突然下起了大雨，家人们默契地把唯一的雨衣给了小男孩，因为他们要照顾最弱小的。小男孩略加思索，掀起雨衣遮住了一簇刚刚开放的娇嫩的野蔷薇，然后自豪地向妈妈展示：他并不是最**弱小**的，他可以照顾更弱小的生命了。

在这个纯粹而善良的故事中，蔷薇扮演了最娇弱的角色。然而真正娇弱的只是它的花瓣，总体而言，蔷薇这类植物可是相当**强横**的——除了漂亮的花，它还以浑身是刺而出名。蔷薇的刺大多粗壮坚硬，锐利的刺尖还略向后弯，如果有不开眼的走兽想硬闯蔷薇的地盘，一定会被这些钩刺刮得皮破血流。登山者在野外遇到大片的蔷薇丛，都会尽量避开，以免伤了装备。除了自卫，蔷薇的刺也能帮助它将柔韧的茎挂在结实的枝条、石块上，从而伸展得更远，赢得更多的阳光。

轻易就能
掰下来的刺

如果你实在好奇想试试蔷薇的刺，可以试着捏紧一根刺中间主干部分，用力左右来回掰几下，这根刺就会被完整地掰下来。蔷薇的刺其实是枝条的表皮增生出来的一个突起，是一个生长在茎的表层、易于脱落的结构。人们把这样的刺叫作**皮刺**。木棉、刺楸、悬钩子等的刺也属于这种类型。

蔷薇属（*Rosa*）

在欧亚大陆和北美洲都极其常见的一类植物，物种众多。人们熟知的月季和玫瑰都是这个属的成员。

一根笔直

一根弯曲

植物钩镰枪

　　"荆棘丛生"这个成语，我们应该都不陌生，它指的是带刺的小灌木聚集在一起生长，比喻前路困难极多。"**荆棘**"原指北方山地两种最常见的植物："荆"是后文会提到的荆条，而"棘"就是酸枣了。酸枣的刺长得很有规律，两根刺总是成对出现，一根笔直，一根弯曲，分别长在某个叶柄或者小枝条的两边，有点像《水浒传》中金枪手徐宁的成名兵器——**钩镰枪**。它们的功能也类似：迎面来，刺你；擦身过，钩你。反正胆敢招惹它的，一定是落个体无完肤的下场。

在植物叶子的基本结构中，"**托叶**"时常被人们忽略，其实那就是叶柄最基部长出来的一对小小的附属结构，多数时候看起来像两片没长好的小叶子。酸枣的刺之所以会长在叶柄的两边，就是因为它们是由托叶变化而来的，这种刺叫作**托叶刺**。叶子和枝之间的叶腋处会生芽，芽长大后就是枝条，所以酸枣刺在枝条上也是分布在每个分叉点的两侧。因为酸枣叶往往是平行的两排，所以它的刺也会很规整地排列成两队，对强迫症者相当友好。

托叶一般是**成对**的，所以变成刺也是一对。要想判断一种植物的刺是不是托叶变的，把握住这个特征就可以了。有些植物的托叶刺是对称的，而有些，就像酸枣这样独树一帜了。

酸枣（*Ziziphus jujuba var. spinosa*）
酸枣是大枣的一个野生变种，是北方山林中非常常见的灌木。如其名，酸枣果实味道偏酸，果小核大，食用价值远不如大枣。

古代兵器
钩镰枪

无敌连环刺

　　说到刺的变化，就一定得讲讲皂荚树。

等到初中，你就会学到鲁迅先生的一篇文章，

里面就提到了皂荚树："光滑的石井栏，高大的

皂荚树……"这也是很多人对皂荚树仅有的概念。

所以有的人第一次见到它的真容也是被吓了一跳：黢黑粗壮的

树干上，三米来高开始**分叉**的地方，围了一圈完全由刺组成的树

枝，枝上长着大刺，大刺分生小刺，小刺又分出更短的刺。无数

的刺裹住了树干，仿佛二郎神在绕着树干舞弄**三尖两刃刀**，刀影

密实地护住了大树的腰，针插不进，水泼不透！像松鼠这样习惯

于沿着树干上上下下觅食的动物，对皂荚树也是敬而远之的。

　　皂荚的刺叫作"**枝刺**"，因为它不是浮于表皮的附属物，而

是从主干的内部生发出来的。本质上，枝刺就是变态的短枝，也

难怪它本身还保留着继续分枝也就是"**刺上生刺**"的能力。当

　　不必说碧绿的菜畦，光滑的石井栏，高大的
皂荚树，紫红的桑椹；也不必说鸣蝉在树叶
里长吟，肥胖的黄蜂伏在菜花上，轻捷的叫
天子（云雀）忽然从草间直窜向云霄里去了。

　　　　　　　—— 部编版初中语文课本，七年级（上）

　　　　　　　　　　　　《从百草园到三味书屋》

然，比较常见的枝刺大多是简单的一根直刺，不会再分叉。像贴梗海棠、柑橘、山楂这些常见的植物，都是由短而坚硬的枝刺提供防卫的。

皂荚 *(Gleditsia sinensis)*

皂荚也叫"皂角"，是黄河流域及以南地区广泛分布的一种乔木。把皂荚的果子放在热水里煮，获得的水可以用来洗衣服，这是肥皂出现以前，中国人常用的洗衣方法。

不好爬，换棵树！

刺的代名词

前面提到的刺，功能局限于**防卫**和**攀缘**，而大多原产于美洲热带和亚热带沙漠的仙人掌，为了适应严酷的生存环境，则将刺的用途发挥得淋漓尽致。各种各样的仙人掌无疑是最著名的**有刺植物**，浑身不长叶子只长刺（叶仙人掌除外）是它们共同的特征。很多人都认为仙人掌的刺就是叶子变的，但这并不准确。如果细究起来，这些刺应该是由包裹芽的鳞片特化而来的，所

仙人掌科（Cactaceae）

"仙人掌"其实是仙人掌科诸多物种的统称。大多数仙人掌都是人们一般印象中的样子：绿色的肉质茎，有刺无叶。但南美洲雨林里的一些仙人掌反倒和普通的植物比较相像。

抗旱防啃
两不误

以叫"**芽鳞刺**"更恰当一些。

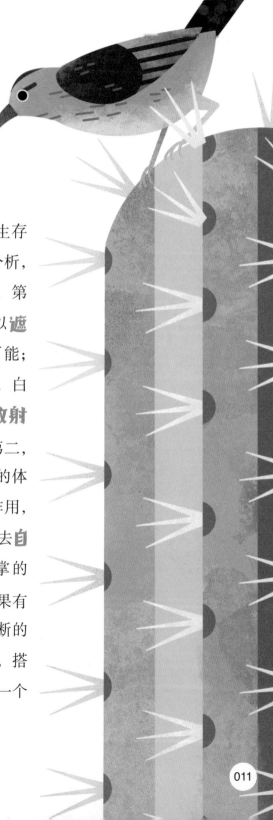

　　仙人掌坚硬锐利的刺既让食草动物难以下口，又因为表面积小且没有气孔减少了水分的散失，是仙人掌能在干热荒漠生存的一大凭仗。其实，若是仔细分析，这些刺还有很多其他的妙用。第一，浓密的刺在一定程度上可以**遮阴**，减少自身被烈日灼伤的可能；而且仙人掌的刺大多颜色较浅，白色、淡黄色的表面可以更多地**散射**阳光的热量，避免体温过高。第二，这些颜色鲜明的刺和它们暗绿的体色对比明显，能够起到警示的作用，有经验的动物就不会一口咬下去**自讨苦吃**了。第三，不少仙人掌的"枝"在分生处很容易折断，如果有动物不小心撞在它上面，被撞断的那一截就有可能挂住动物皮毛，搭一段**顺风车**后落地生根，长成一个新的植株，达到繁衍的目的。

一根小草怎么会这样厉害？鲁班仔细一看，发现小草的叶子边上有许多小齿。他在手指上试了试，一拉就是一道口子。

—— 部编版小学语文课本，二年级（上）

《鲁班造锯》*

*现行课本已删除。

小而细密的毛

尖利的刺虽然是植物自卫的有力武器，但它也有不少局限性。比如利刺往往需要**附着**在坚固的茎或结实的叶上，"地基"太软就达不到应有的效果；再比如刺对身体小巧的昆虫就没什么**威慑力**，反而会成为它们的落脚点和庇护所。

在刺无能为力的时候，一些更加**微观**的武器就可以一展身手了。划伤鲁班手的微小锯齿是一种类型，而更多的植物则在叶子和茎上长出了小而细密的毛。本质上，这些都是植物表皮的附属结构。毛不像刺一样尖利，它的优势在于**细密**和**多变**，它可以是"羽绒服"，可以是"隔离网"，可以是"投毒机"，可以是"传感器"，甚至还可能是要命的"糖衣炮弹"。

植物版毛皮大衣

　　很多生活在高山或高寒、干旱地区的植物，都有一身浓密的绒毛，这些细密的毛为植物调控着温度、光照和水分，有效又可靠。我国西部地区高山上的明星植物——**水母雪兔子**，就是凭着一身可爱的白绒毛在高山流石滩成功地生存了下来。雪兔子这身毛衣的功效，可以类比它的同名动物——雪兔来理解。

　　首先肯定是**保暖**。对于需要在冰天雪地中行动的雪兔来说，厚实的皮毛能够锁住自身散发的热量，保证自身生命活动所必需的体温；水母雪兔子的"毛衣"也是同样的道理，因为植物体的生命活动也会散发热量，而这层毛衣正好能将热量锁住，帮助自己维持生命活动所需的合适温度。

防水又暖和

水母雪兔子 (*Saussurea medusa*)

水母雪兔子生长在青海、四川、西藏等地的高山流石滩上。

其次是**遮蔽**烈日。高山上的阳光更强烈，紫外线也更多，这不论对动物还是植物都不是什么好事，所以它们需要随时做好防护。水母雪兔子的白色毛防晒的原理和仙人掌刺相似，而且它的毛更浓密，效果更好。至于光合作用所需的光线量，通过毛的折射和散射，也足够使用了。

最后是**防水**。寒冷季节，雨水如果浸透毛层直达表皮，雪兔和水母雪兔子都可能会因为热量被水带走，**失温**而死。所以它们的毛并不只是密不透风，雪兔毛表面的油脂、水母雪兔子毛表面的蜡质都可以防水，让内层不被水打湿。对于不能移动又离不开水分的水母雪兔子来说，毛的**疏水**功能还有另一种妙用：旱季来临时，毛能够使它附近空气中并不饱和的水蒸气在低温下凝结成小露珠，小露珠或被水母雪兔子叶片直接吸收，或滚动汇聚成水滴滑落，润湿水母雪兔子身下的土壤，再被它的根吸收。这种"微滴灌"作用也是水母雪兔子能在生境恶劣的流石滩生存、在旱季不被干死的一大法宝。

豇豆（*Vigna unguiculata*）
原产于非洲热带，如今是
非常受欢迎的蔬菜。

防虫屏障

　　植物绒毛的本职工作是**阻隔虫害**，像古代军营外的拒马桩一样，让有害昆虫无法靠近。想象一下人在荆棘丛中跋涉的感觉，把这个场景等比例缩小，就相当于昆虫爬过绒毛密布的叶片表面。植物表面的毛大多不像宠物猫的毛那般丝滑柔顺，对小小的昆虫来说，毛的坚韧不亚于篱笆墙、铁丝网。一些尤为奇特的毛是有**分枝**的，这些分枝有的像狼牙棒，有的像五角星，有的像船锚，有的像有很多丫丫杈杈的干树枝，不一而足。如果没有特殊的"装备"，在这样的环境里落足，是要吃苦头甚至送命的。

　　科学家做过一个有趣的**实验**：把吃喜旱莲子草叶子的莲草植胸跳甲幼虫放在它们原本不吃的豇豆叶子上进行观

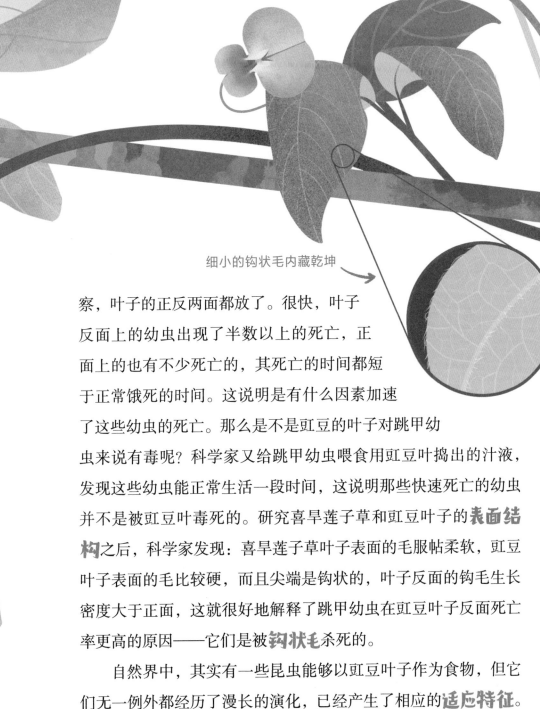

细小的钩状毛内藏乾坤

察，叶子的正反两面都放了。很快，叶子反面上的幼虫出现了半数以上的死亡，正面上的也有不少死亡的，其死亡的时间都短于正常饿死的时间。这说明是有什么因素加速了这些幼虫的死亡。那么是不是豇豆的叶子对跳甲幼虫来说有毒呢？科学家又给跳甲幼虫喂食用豇豆叶捣出的汁液，发现这些幼虫能正常生活一段时间，这说明那些快速死亡的幼虫并不是被豇豆叶毒死的。研究喜旱莲子草和豇豆叶子的**表面结构**之后，科学家发现：喜旱莲子草叶子表面的毛服帖柔软，豇豆叶子表面的毛比较硬，而且尖端是钩状的，叶子反面的钩毛生长密度大于正面，这就很好地解释了跳甲幼虫在豇豆叶子反面死亡率更高的原因——它们是被**钩状毛**杀死的。

自然界中，其实有一些昆虫能够以豇豆叶子作为食物，但它们无一例外都经历了漫长的演化，已经产生了相应的**适应特征**。而对莲草直胸跳甲这样的外来户来说，如果想要开发豇豆作为新的寄主，叶片表面的钩状毛将成为它们很难攻克的关卡。

"淬毒匕首"

　　除了作为常规武器使用，有些植物的毛还是**化学武器**，里面有可以分泌特殊化学物质的腺体。这种毛叫腺毛，比如有的植物摸上去黏黏的，那是因为它的腺毛分泌了黏性液滴，能够将冒冒失失闯过来的昆虫粘住、困死。比这更凶狠的是有毒的腺毛，最著名的例子非**荨麻**莫属。

　　无论是在南方还是北方，无论是在旷野还是森林，荨麻都是很常见的植物，而它们繁盛的原因是显而易见的：只需轻轻一摸，荨麻就会让人疼得冷汗直流，这种**疼痛**会持续十几分钟，此后逐渐过渡到一种微痛兼带麻木的感觉，两三天后才能彻底消退。荨麻类植物的一些民间别名，比

荨麻属（*Urtica*）

世界上除南极洲外的各个大洲都可以见到荨麻的身影，它们是一类非常成功的野生植物。一些荨麻还会被人类用来做纺织原料和草本茶。

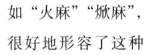

如"火麻""燃麻"，很好地形容了这种火烧火燎的疼痛感。所以人们不敢轻易动它，它可以安静地生长。要是碰到荨麻，不妨对这种"可恨"的植物仔细端详一番：荨麻的叶片和茎上布满了亮晶晶的小刺毛，毛的顶端尖锐如针，根部膨大，形成一个晶莹剔透的小液泡——荨麻的**毒素**正是储存在这里面。

荨麻的毒性物质中发挥主要作用的是组胺、乙酰胆碱和血清素。这些物质会刺激皮肤，令皮肤红肿、起水泡，让人或啃食它的动物剧烈疼痛。荨麻的毛还很易折，经常会留在触碰者的身上。如果被荨麻刺到，要用大量的清水冲洗，并用香皂揉搓被刺的地方，会有不错的缓解效果。当然，在野外很难有这么理想的条件，认准荨麻不去招惹才是王道。

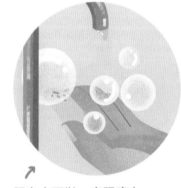

肥皂水可以一定程度上
缓解荨麻带来的疼痛

召唤外援

在《棉花姑娘》中，遭受蚜虫侵害的棉花最终得到了七星瓢虫的帮助，消灭了蚜虫。尽管目前还没有证据表明棉花会主动呼唤七星瓢虫，但召唤帮手消灭害虫的做法在植物界里却屡见不鲜。无论是临时抱佛脚地呼唤外援，还是长期豢养一批"雇佣军"，它们总能找来害虫的天敌，帮助自己摆脱麻烦。

忽然，一群圆圆的小虫子飞来了，很快就把蚜虫吃光了。棉花姑娘惊奇地问："你们是谁呀？"

—— 部编版小学语文课本，一年级（下）
《棉花姑娘》

以螨治螨

　　棉豆很擅长用挥发物质来召唤害虫天敌，但被召唤来的往往不只是外援寄生蜂，还可能是一些捕食者。

　　棉豆虽然美味，但成长的过程却非常坎坷。它需要面对的一个重要害虫是二斑叶螨，这些极其微小的红色螨虫能够一个细胞一个细胞地吸取棉豆叶片中的营养物质。乍一听，这种损害似乎很轻微，但二斑叶螨数量巨大，它们会让棉豆的所有叶片都布满细碎的枯斑和黑点，丧失进行光合作用的能力。

智利小植绥螨

二斑叶螨

棉豆（*Phaseolus lunatus*）

也叫利马豆，原产南美洲，是我们常吃的菜豆（也叫四季豆）的近亲。棉豆在一些西餐菜肴中经常出现。

　　"螨"这个字可能会让很多人不自主地起鸡皮疙瘩，但螨类其实是一个极其庞杂的大家族，既有会让人皮肤起疹子的，也有在土壤里吃腐殖质的，还有棉豆即将召唤的救星——捕食其他螨类的智利小植绥螨……棉豆受到二斑叶螨侵害后，开始向空气中挥发人类闻不到的"神秘物质"，这对智利小植绥螨有着强烈的吸引力。于是，这些捕食螨纷纷赶来，对二斑叶螨展开了"猎杀"。智利小植绥螨贪婪地抓住每一只二斑叶螨，吸干它们的体液，迅速控制住了它们的数量。不久，伤口愈合，棉豆重新焕发生机。

唯利是图的保镖

非洲广袤的稀树草原上，最具标志性的树木就是各种金合欢了，由于长颈鹿的啃食和自身的演化，它们往往长成高大的伞盖状，低处几乎没有叶子。比较常见和成功的物种，往往承担着更大的"生态责任"——有很多其他物种要依靠它们来生活，长颈鹿、非洲象、各种各样的昆虫，往往令金合欢不堪其扰，防不胜防。

为了保护自己，金合欢无所不用其极，一对对超长的托叶刺（快！前面讲到过的，现学现卖！），就是金合欢的有力武器。不过这仍然挡不住长颈鹿灵活的舌头，只有像镰荚金合欢这样巧用外援的物种，才能更好地防住长颈鹿和大象。镰荚金合欢一部分托叶刺的根部，膨胀出了一个很大的球形空腔，上面还有小孔，这便形成了一个个简易的"公寓"，让蚂蚁可以在其中长住。为

镰荚金合欢 (*Vachellia drepanolobium*)

金合欢是一大类植物的统称，分布和多样性极广，镰荚金合欢是其中比较特殊的一种。

含羞草举腹蚁

了进一步吸引蚂蚁，靠近托叶刺的一些小叶上还长出了蜜腺，能够分泌甘甜的蜜汁。

这种优厚的条件吸引了4种蚂蚁——3种举腹蚁和1种细长蚁来此定居。它们都很凶猛，都有螫针，当大象和长颈鹿来吃镰荚金合欢的叶子时，蚂蚁们会本能地一拥而上，把它蜇跑。同时，蚂蚁们还会以镰荚金合欢上出现的其他昆虫为食，为镰荚金合欢提供最大程度的安全保障。

不过你不要以为蚂蚁是什么无私的侠客，它们只是为了自己的利益。这4种蚂蚁为了争夺镰荚金合欢上的生存空间，存在着激烈的竞争。含羞草举腹蚁喜欢充当"黑恶势力保护伞"，它们不满足于镰荚金合欢提供的少量蜜汁，转而保护起寄生在树上的吸汁昆虫，因为这些昆虫的粪便富含糖分。相对弱小的谢尔斯德举腹蚁为了防止其他树上的蚂蚁入侵，故意将镰荚金合欢上多数的芽修剪掉，让树变得矮小，不与其他的树接触。而彭日格细长蚁是这里唯一不爱吃蜜汁的，为了让自己栖身的这株镰荚金合欢不被其他蚂蚁惦记，它们会毫不留情地将那些有蜜腺的小叶咬掉。

彭日格细长蚁

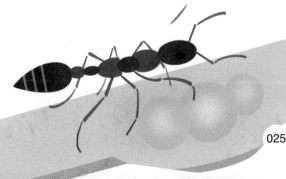

蜜腺我用不着，
咬掉咬掉！

他走了上万里路，拜访了千百个医生、农民、渔民和猎人，向他们学到了书上没有的知识。他还冒着生命危险尝药材，判断药性和药效。

—— 部编版小学语文课本，二年级（下）

《李时珍》

风味与毒素

动物拥有的化学武器较少，植物才是真正的化学武器宝库拥有者。除了生存所需的糖分、脂肪、蛋白质、维生素、水和矿物质，植物体内的"高级"**化学物质**数不胜数。人类的传统草药利用的主要就是这些特殊的化学物质，而染料、化学试剂等，很多也都是从植物身上提取而来的，或者是模仿植物化学物质的结构合成的。

有一些这样的物质赋予了植物独特的风味和沁人的芳香，比如香菜的"香"味。但我们眼中的这些"**独特风味**"，只不过是这些化学物质的附带效果而已，它们真实的功能是为植物提供保护，来对抗昆虫、微生物，以及其他的一些威胁。

另外一些物质则更加凶险，它们不是用来对付小生物，而是用来对抗"大块头"的——很多植物的身体里含有致命的**毒素**，它们的毒性对于人类和大型食草动物来说尤其强，从而把自己变成了不可触碰的食物。在野外为什么不能随便尝野菜和野果？就是这个原因。

辣就对了!

什么植物辣？辣椒辣。那有没有比辣椒还辣的植物？很多人会想起吃寿司和刺身时离不开的调味料——芥末。其实"芥末"是个很宽泛的概念，涂在热狗和三明治上面的叫黄芥末，是用芥菜种子磨成的粉制成的；吃刺身时候的绿芥末，最正宗的是用山葵的根制成的，大名叫"山葵酱"。但山葵酱比较昂贵，人们常用另一种植物——辣根来制取，味道差不离，也称为芥末。

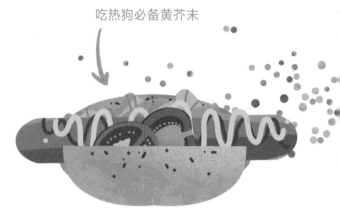

吃热狗必备黄芥末

块茎山嵛菜（山葵）
(*Eutrema wasabi*)

原产于日本、朝鲜半岛和俄罗斯远东地区的一种植物，喜欢生长在山间溪流的岸边。

不用在意这些区别，因为无论是黄芥末、山葵酱还是辣根，都有或浓或淡的辛辣味道，不小心多蘸一点，就会一直辣到顶门，整个鼻腔瞬间通透，眼泪也止不住地往下流。这种让人又爱又怕的味道，正来自这三种十字花科植物共有的、用来保护自己的化学物质——芥子油。

对于大多数吃植物的动物来说，山葵的芥子油是难吃的物质，它的辛辣味道让多半昆虫敬而远之。有研究表明，就连入侵世界很多国家，在各大洲的热带地区横行霸道的红火蚁，也不愿碰山葵分毫。芥子油甚至强大到会伤害山葵自身，因此山葵的细胞里平时并不直接储存芥子油，而是储存它无害的前体物质：芥子油苷。当食草动物和昆虫冒冒失失地开始咀嚼山葵的叶子或根时，被侵害的信号就会被传递到细胞中，细胞随之释放出分解芥子油苷的酶，将它分解成包括芥子油在内的几种物质，把入侵者辣跑。

其实，在十字花科这个著名的蔬菜大科中，芥子油的存在相当普遍，绝不止上述三种植物。就连甘蓝，如果你生食时仔细咀嚼，也会尝到淡淡的芥子油味。而大白菜之所以在十字花科蔬菜中最受欢迎，一大原因就是经过人类的培育，它的芥子油含量已经变得微乎其微、几尝乎不出来了。

辣根也是 → 芥末酱的原料之一

异香法阵

在北方大地，蒿是十分常见的植物，无论是田间地头、森林边缘，还是一望无际的大原野上，经常能看见大丛大丛的这类草本植物。就算对植物不熟悉，你也能很容易分辨出蒿——去大丛的蒿里面走一圈，那种浓郁到有些呛人的特殊香气会直冲鼻孔。不必记住它们多重分裂的叶片，也不必记住那一朵朵散播花粉的黄色小花，"**蒿子味儿**"就是蒿的名片。

再仔细观察，你会发现，蒿类和多数野生植物不同，它们很少受到病虫害的侵扰，外表总体上很健康。这正要归功于蒿的香味，那来自蒿身上的一

中亚苦蒿（*Artemisia absinthium*）

也叫苦艾，是亚洲中西部广大荒原地带常见的蒿之一。

系列**自我防御**物质。被研究得最多的一种蒿是中亚苦蒿，生长在中亚、西亚和北非的荒漠上，即使在这种时有蝗虫肆虐的环境中，它仍然将自己保护得很好。从中亚苦蒿中提取的**精油**中含有数十种化合物，具有抗菌、抗氧化、驱虫等功能。这些化合物在中亚苦蒿周围织成了一道防护网。人们不会在中亚苦蒿身上看到什么可歌可泣、跌宕起伏的抗敌大戏，因为它早已拒敌于七步之外了。

中亚苦蒿的这些化学特性使它得到了广泛的应用。人们很早就把它放在衣柜里用来**驱虫**。近代以来，它更是被人们种植，作为传统药材使用。不过，这种东西用起来可要当心，因为它成分复杂，不仅对虫子有毒，还含有一种对人有毒的物质——**侧柏酮**。服用未经处理的中亚苦蒿提取物可能出现呕吐、幻觉、失眠、眩晕等中毒反应。总之，此草有毒，小心为妙。

植物中的毒王

说到对人类有毒的植物，我们一定要说说大家比较熟悉的夹竹桃。由于花朵繁茂而又艳丽，夹竹桃是家庭盆栽和园林植物的宠儿。在气候温暖的南方，夹竹桃常常被成片地栽种，是城市里不可或缺的一道风景。

而在美丽的背后，夹竹桃的强烈毒性也常常引起麻烦。在夹竹桃的毒素中，有两种物质起着最主要的作用：一种叫作夹竹桃苷，另一种叫作夹竹桃碱，它们会攻击人的心脏。误食夹竹桃的后果，是心跳节律紊乱，接着恶心、呕吐、头晕目眩，严重时甚至会导致死亡。误食夹竹桃最主要的群体就是儿童和宠物，一片叶子就足以毒死一个五六岁的孩子。

夹竹桃的毒素存在于整个植株中。揪下一片叶子，断口处流出来的白色乳汁里也有毒素，即便只是皮肤上沾到一点点，也会引起红肿发炎。在以夹竹桃为代表的

夹竹桃断口处流出来
的白色乳汁 →

夹竹桃科植物中，多数种类都有乳汁，包括北方地区常见的杂草萝藦、南方常见的园林植物鸡蛋花，还有北美洲著名的君主斑蝶的食物——**马利筋**（在《课本里的神奇动物》里可以找到），这些植物的一些部位（不一定是全部）也都或多或少地具有毒性。如此看来，夹竹桃科可称得上是植物中的毒王了。

夹竹桃（*Nerium oleander*）

原产热带亚洲，后来被引进到中国，成为常见的园林植物。

我们是有毒植物的代名词！

夺去思想家的生命

公元前 399 年，由于反对当时的政治制度，著名思想家苏格拉底被雅典城邦判处了死刑。得知这个消息后，苏格拉底决定成为一名殉道者，他从容不迫地在众多弟子面前喝下了一杯从植物中榨取的毒药，将生命定格在了 70 岁。

在古代，毒药通常是从自然界就地取材的。据说苏格拉底用的毒药，来自欧洲和北非常见的有毒植物——**毒参**。这种植物生长在溪流、池塘等小水体边的潮湿土壤里，全株有毒，种子和根的毒性尤其强。毒参的毒性来自它体内的 **毒芹碱**，这种物质会攻击人等动物呼吸系统的肌肉，使之瘫痪，受害者因此不能呼吸。只需要 6 到 8 片毒参的叶子，就可以毒死一个成年人。根据柏拉图的记载，苏格拉底本人在喝下毒参汁后，静静地躺着，从脚向上开始失去知觉，直到最终死去。

但毒参最主要的受害者并不是人类，而是各种**食草动物**，比如牧场里的牲畜。在欧洲和美国，一个牧场主必须认识毒参，并想办法将这种植物从自己的牧场上清除掉，至少让牲畜远离它们生长的地方，否则牲畜误食毒参会让他遭受巨大损失。

毒参（*Conium maculatum*）

也叫"芹叶钩吻"。19 世纪初，有人将毒参从欧洲带到美国，当作园艺观赏植物栽种。但毒参很快便传播到野外，成了在美国广泛分布的入侵植物。

第 2 章
植物的百变

　　除了食草动物和昆虫的侵袭，植物面临的**威胁**还有很多很多，比如寒冷、干旱、水淹、光照不足，还有其他植物的竞争。但看似不灵活的植物们其实相当"灵活"，它们早已在长期的**演化**中练就了一身过硬的本领。

　　虽然它们的反应不快、不会移动，但它们有能力让自己的器官——不论根、茎、叶还是花，演变成自己需要的任何模样，去应对环境带来的各种挑战。

植物的卷须

　　植物和动物不同，它们不能自己移动，种子埋在哪里，就只能长在哪里。然而，有一类植物却长了"**脚**"，这些"脚"会在没人注意的时候帮助植物悄悄爬行，爬满墙壁，或是攀上其他植物的枝头。这类植物往往没有粗壮的树干做支撑，不能自己直立生长，需要**依附**其他物体向上生长来获得更多的阳光；有些甚至没有叶子，不能进行足够的光合作用养活自己，需要**寄生**在其他植物身上获取养分。为了攀附在墙壁上、树干上、枝叶上，植物的"脚"应运而生。

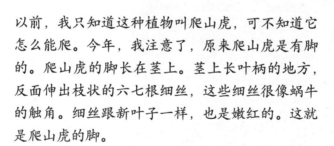

　　以前，我只知道这种植物叫爬山虎，可不知道它怎么能爬。今年，我注意了，原来爬山虎是有脚的。爬山虎的脚长在茎上。茎上长叶柄的地方，反面伸出枝状的六七根细丝，这些细丝很像蜗牛的触角。细丝跟新叶子一样，也是嫩红的。这就是爬山虎的脚。

—— 部编版小学语文课本，四年级（上）

《爬山虎的脚》

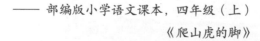

爬山虎的"脚"

　　叶圣陶笔下的爬山虎，是钢筋水泥的城市中一道让人舒心惬意的风景。它像一道绿色的大幕，笼罩在老楼房的外墙上，为夏季带来了一丝凉意。秋天，爬山虎的叶子逐渐变红，在秋风中化为一抹城市晚霞。爬山虎的茎是**瘦弱**的藤条，如何能够爬上建筑高高的外墙？拨开它们层层叠叠的叶片，你就会看到爬山虎的秘密。

植物茎上长叶子的位置叫作**节**，这里的细胞十分活跃，在长出叶子之后，仍然可以继续长出枝条或者花。在爬山虎的茎节上，与叶子相对的方向会长出一条柔软的细枝，当这条细枝的**尖端**接触到墙壁后，就会长出几个弯曲的**分支**，每个分支的末端慢慢膨大成圆形或者圆锥形，接着再变为一串扁平的**小吸盘**，吸附在墙壁上。

在植物学上，形态变化、用来攀爬的细枝被称为**卷须**。爬山虎的"脚"就属于一种卷须，而那些小吸盘就是卷须上**变形**的叶片。一株爬山虎可以长得很大，在它慢慢爬上墙壁的过程中，大量的**吸盘式**卷须从茎上长出来，随时让爬山虎牢牢地扒住墙面。随着时间的推移，吸盘的边缘还会逐渐**木质化**，变得很硬。最终，即使这一条卷须死了，这些"脚"也仍然紧紧附着在墙壁上，绝不松开。

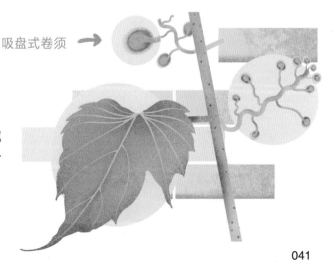

吸盘式卷须 ➡

地锦属（*Parthenocissus*）

"爬山虎"实际上是地锦属13种植物的统称，原产于东亚和北美洲。

葡萄与爬架

葡萄可以是卷须，卷须也可以是葡萄

葡萄是爬山虎的近亲，也是一种藤本植物，需要攀在其他物体上生长。人们在栽种葡萄时，要先在葡萄外面搭一圈爬架，供葡萄来**攀爬**。葡萄攀爬同样要用到叶的对侧长出的卷须，它会帮助葡萄的枝干攀住旁边的物体，防止果实靠近地面。不过葡萄的卷须与爬山虎的并不相同——没有吸盘，只是简单的**细茎状**，更长，2叉分枝。葡萄的卷须先是长出来并且逐渐延长，在碰到爬架后便开始改变生长方式：接触部位的外侧加速生长，使得卷须围着爬架卷了起来，一连几圈，将爬架牢牢缠住。葡萄正是这样爬到架顶的。

葡萄的卷须由**花序**变化而来。花序由一根枝条上的众多小花组成，每

一朵小花将来会结出一颗葡萄。当营养充足时，卷须可以变成花序；而营养不足时，花序也可以变成卷须。因此，卷须在葡萄的栽培中非常重要，农民伯伯往往会有选择地掐掉一些卷须，因为如果果实太多了，分配到每个果实的**养分**就会减少，这样就会导致果实很多却质量不高；只有掐掉一些卷须，才能让剩下的葡萄吸收到足够的营养，长得又大又甜。而掐下来的卷须可以不用丢掉，顺手丢进嘴里一尝，酸爽清新，甚至还有人拿它做菜吃呢。

葡萄 (*Vitis vinifera*)

著名水果，原产于西亚。

菟丝子的"婚姻"

《古诗十九首》中有这样两句诗："与君为新婚，菟丝附女萝。菟丝生有时，夫妇会有宜。"它描写了新婚的女子希望有个依靠的愿望，诗句中的"菟丝"，指的就是寄生植物菟丝子。其实，菟丝子与"丈夫"的"婚姻"，与其说是依靠，不如说是剥削。菟丝子看上去不太像一株植物，倒像是一团乱糟糟的黄色电线被扔在了灌木丛里。它的叶片退化为鳞片状，没有叶绿素，只能从其他植物那里获取水分和营养。

菟丝子的种子萌发后，会长出黄色的茎，并从茎上长出卷须，攀附到其他植物上。这种卷须非常有趣，因为菟丝子只能寄生在一些特定的植物上，所以卷须会通过寄主植物散发到空气中的独特化

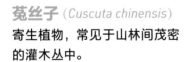

菟丝子（*Cuscuta chinensis*）
寄生植物，常见于山林间茂密的灌木丛中。

学物质来识别它们，只有在感受到这种化学物质时才开始卷曲，最终确保自己缠住的是正确的植物。与此同时，卷须上长出来一个个小凸起，叫作吸器，吸器侵入寄主植物的组织，吸收水分和营养物质。有了来自寄主的全面滋养，菟丝子连根都不需要了，渐渐地，它下部的茎会干枯萎缩，与土壤脱离，上部的茎和卷须仍旧不断向四周蔓延，而被它寄生的植物，则会陷入营养不良的窘迫境地。

灌木丛中的霸王！

不一定长在哪里的不定根

根一定长在植物的最下面，埋在土里面吗？答案是不一定，事实上，任何部位都有可能。根是用来**支撑**植物和吸收水分的，只要哪里用得上它，它就会出现在哪里。根，可以从植物的茎上长出来，也可以从叶上长出来。

我们的船渐渐逼近榕树了。我有机会看清它的真面目，真是一株大树，枝干的数目不可计数。枝上又生根，有许多根直垂到地上，伸进泥土里。一部分树枝垂到水面，从远处看，就像一株大树卧在水面上。

—— 部编版小学语文课本，五年级（上）
《鸟的天堂》

独木成林

人们都知道"独木不成林"，但其实"独木成林"也是有的。在南方，**榕树**是乡间常见的庭院树木，有些古村中心的榕树已有几百年的树龄，它们不停地向四周伸出自己的枝干，枝干下面又伸出了支柱一样的根来支撑自己，如此这般，一棵榕树的树冠就能覆盖上百平方米的面积，成为全村人的绿色遮阳伞。

至于为什么要这么长，首先得从榕树的生长环境说起。榕树本来生长在**热带雨林**里，那里是植物的修罗场，生长其中的树木以极其残酷的方式争夺着阳光。最常见的做法，就是尽快长高，把所有的营养和能量都

榕树（*Ficus microcarpa*）

狭义的"榕树"，只是全世界约 850 种榕的一种。榕的外貌很多样，有树状、灌木状，甚至有藤状的。只有少数种类会像榕树这样横向发展并产出支柱状的不定根。

投入在长高上，因此雨林中的很多树只有一两人环抱的粗细，却长到了几十米高，由此可见这种竞争有多么残酷。

而榕树的做法却不一样，很小的时候，它**附着**在一些不太高的树木上生长，然后迅速将它们**缠绕**致死，变别人的地盘为自己的一亩三分地。减缓了主干的生长，一众侧枝疯狂地向四周横向伸展，占据很大的面积。侧枝太长，就会因为末端太沉而折断，于是榕树开始求助于自己的**不定根**。所谓"不定根"，是指植物从茎的基部、茎的中段和叶子等非常规部位长出来的根，它们很多时候暴露在空气中，也叫**气生根**。凡是能长出不定根的位置，那里的细胞都较为活跃，仍然保留着分化出根类组织的能力。

榕树的不定根从侧枝上长出，逐渐垂到地面，此后逐渐长粗，起到了**支撑**树冠的作用。由于粗壮且表皮粗糙，这些起着支柱作用的不定根常常被人误认为树干，所以一棵榕树仿佛有很多根树干，看起来像一片树林，实际却只是一棵树，"独木成林"也就有了所谓依据了。

我才是主干！

多肉植物成为盆栽市场的宠儿已经很久了，憨态可掬的外貌让很多人对它们爱不释手，耐旱力强更是让它们成了一些懒人玩家的首选。在多肉植物中，最基础、最常见、比较好养的一类是

燕子掌 (*Crassula ovata*)

早在多肉植物流行起来之前，燕子掌就已经是很多家庭花盆里的常客了。

景天科植物，比如有名的燕子掌、石莲花、熊童子、落地生根、长寿花等。

坊间传言，这些植物不用怎么浇水，于是很多人很久才浇一次，久而久之，燕子掌的茎上就长出了一条条淡红色的小须根。这里就不得不提一个误区了，不怕缺水不等于不需要水，毕竟，哪种植物会拒绝生命之源呢? 除了在盛夏期间会进入

只要营养备得足，
一片叶子也能扦插

休眠，不能浇太多水以防烂根之外，其他时候，景天科植物是需要主人常浇灌的。当土壤选用不当导致根系吸不到水，或者只是单纯地浇水太少时，燕子掌就会从茎上长出**气生根**，气生根能够从空气中吸收水分，帮助燕子掌在水分缺乏时救急。

燕子掌生出不定根的特性，使其可以采用叶插这种简单的方式进行繁殖。顾名思义，**叶插**就是用叶子扦插。燕子掌的叶片肥厚，储存着大量的水分和营养，被掰下来后还能生存很多天。将它放在微微潮湿的土表，感受到湿气之后，叶片的基部同样会长出几条不定根，扎入土里，开始吸收水分和矿物质。之后，叶片的基部开始生发出新的**不定芽**（长在非常规位置的芽），此后慢慢长大，成为一棵全新的燕子掌。

中流砥柱

对于植物来说，海滨是一个十分特殊也十分艰苦的生存环境。海水太咸、潮水冲击、泡在海水里或埋在泥滩下的**根系**难以呼吸、刚刚落地的种子容易被海水冲走……这些都是海滨植物要面对的生存难题。

红树，是海滨植物中的佼佼者，它通过一系列形态的演变和自身生理特性，解决了这一道道难题。其中，潮水冲击和根系呼吸的问题，都是借助不定根来解决的。

为了应对潮水的冲击，红树不仅有**主根系**，还从主干长出了很多粗壮的不定根。这些不定根伸向四面八方，并且还会分叉，变得密密麻麻，倾斜着插入海底。通常，人们在栽种小树苗时，会搭一个三角形的木架子把它撑住，防止它在扎好根之前栽倒。

红树的这些**不定根**起到了类似的支撑作用，如此一来，尤论潮水如何一波波地冲向岸边，红树都能岿然不动。

支撑母体的同时，不定根还顺便解决了呼吸问题。在土面以上的部分，不定根的表皮生有很多小圆孔。这种圆孔叫作**皮孔**，空气可以从此进入。再经过运输，氧气就能到达土面以下的部分。这样一来，浸泡在淤泥里的根系就仍然能保持呼吸，不怕烂根了。

红树 (*Rhizophora apiculata*)

热带海滨的红树林实际上是由很多种植物共同组成的，它们都用相似的方法来适应海滨环境，并被统称为"红树植物"，"红树"只是其中一种。

我们是用来透气的皮孔。

埋在地下的茎

我们都知道：竹子一开花就会死，而不开花，又不会结出种子。因此，一生的大部分时间里，竹子没有种子。竹花竹种不常有，但美味的**竹笋**却是常有的，那么问题就来了：竹笋到底是怎么长出来的？

春雨姑娘不断地爱抚她，滋润她。太阳公公照耀她，给她温暖。笋芽儿脱下一件件衣服，长成了一株健壮的竹子。她站在山冈上，自豪地喊着："我长大啦！"

—— 部编版小学语文课本，二年级（下）

《笋芽儿》

竹笋是怎么长出来的?

实际上，如果你仔细观察草坪上的草，就会发现，它们是**盘根错节**地连在一起的。伸手一拽，一根匍匐在地上的茎就会被拉起来。而在这根匍匐茎两端的看起来不同的两棵草，其实原本是一棵。

竹笋就是这么来的

竹子和这些草坪上的草都属于植物中一个非常庞大、非常常见的科——**禾本科**，也因此有很多相似的特性。竹子茎上的节十分显眼，一环一环的，环处长着细细的竹枝。这笔直的茎最下面的一节并不生长在地面上，而是埋在土里。

埋在土里的这一节竹子不会长出细细的竹枝，而是会长出比较粗壮的地下茎——**竹鞭**。地下茎不会露出地面，而是在地下水平地随机生长，最长可以达到6米。地下茎上同样有一个个节，当它们开始萌动时，就会向下长出**须根**，固定住即将长出的新竹子，同时又向上长出新芽，当这个新芽越来越大，破土而出时，一个新的竹笋就成形了。

这样的新竹笋中长出来的竹子，本质上就是母亲分出来的一个茎，基因与母亲一模一样。这又意味着，人们眼中几十平方米的一小片竹林，有可能只是一棵竹子的自我"**克隆体**"罢了。

竹亚科 (Bambusoideae)

竹子种类繁多，是禾本科下非常特殊的一个分支。很多人认为竹子属于树木，实际上它们只是非常高大粗壮的草本植物。

芦笋不是笋，但也是笋

芦笋是**天门冬**家族的一员。其名字里有个"笋"字，那是不是与竹笋有一些相似之处呢？

芦笋同样拥有**地下茎**，总的来说，它的生长特性与竹子很相像。如果要找出什么不同，我们可以看到芦笋的地下茎更短，没有竹子那么狂野，并且它更加肥厚多汁一些。芦笋的节与节之间的距离更短，上面肩并肩地排列着一串尖尖的小芽，下面长着一大把粗壮的须根。如果不仔细去看，你会以为芦笋的根系就是这么乱七八糟的一大团，殊不知这是芦笋用地下茎串联起来的生命网络。

接下来，是和竹笋相似的剧情：地下茎上的小芽纷纷萌发，向上生长，破土

石刁柏（*Asparagus officinalis*）

俗称芦笋，原产于欧洲，是近年来非常受欢迎的一种蔬菜。

而出——这就是芦笋了。由于排列紧密又高矮不齐，它们看起来就像一支**排箫**。要想吃到鲜嫩的芦笋，就趁春天赶紧把它剪下来，因为再过一段时间，它就要长成高大的植株，不再好吃了。

话说回来，如果把"笋"字定义成从土里钻出来的、尖尖的、好吃的植物幼芽，那么芦笋的确配得上这个称呼。这也代表着一种狡兔三窟的**生存策略**：趁活着的时候，就多多克隆一些自己，保留备份。万一哪天最初的那棵竹子或是芦笋死了，剩下的这些克隆体仍然能够延续它的生命。

每节生出一根芦笋

在淤泥中谋生

作为中国人喜爱的一种植物，莲的每个部位都有自己的专属别名：叶是荷叶，花是芙蓉，果实是莲蓬（关于这些部位，可以参考《课本里的奇妙地理》第五章）。那么茎呢？对了，它就是莲藕。

首先要明确的是，藕是莲的茎，而不是根，正式名称是根状茎。别看长得怪，莲藕仍然遵循着植物茎的基本构造。我们所吃到的每一段藕，都是这条茎的一段节间部分：两端是两个节，两段藕在节的位置连在一起。而叶和花，还有细弱的根，都是从两段藕之间的节处长出来的。支撑着叶和花的是叶柄和花柄，并不是茎的一部分，这么看来，莲的茎是完全埋在淤泥里的，没有任何露出泥土的部分。

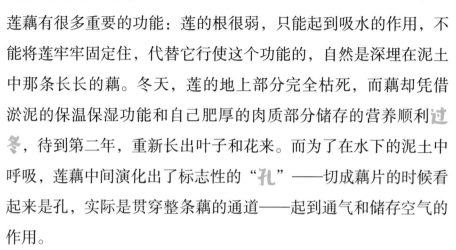

莲这么生长，当然有它的道理。

莲藕有很多重要的功能：莲的根很弱，只能起到吸水的作用，不能将莲牢牢固定住，代替它行使这个功能的，自然是深埋在泥土中那条长长的藕。冬天，莲的地上部分完全枯死，而藕却凭借淤泥的保温保湿功能和自己肥厚的肉质部分储存的营养顺利**过冬**，待到第二年，重新长出叶子和花来。而为了在水下的泥土中呼吸，莲藕中间演化出了标志性的"**孔**"——切成藕片的时候看起来是孔，实际是贯穿整条藕的通道——起到通气和储存空气的作用。

叶片和花朵生长的同时，两端的节也会生发出手指粗的嫩茎来，其中同样有细细的通道，这便是餐桌上的另一道美味：**藕带**（莲鞭）。而等到秋天，藕带的先端又会膨大成粗大的藕，这标志着一个新的冬天即将来临了。

莲（*Nelumbo nucifera*）

中国原产的著名水生观赏植物。关于莲和睡莲的区别，请看《课本里的奇妙地理》。

粗壮的是茎，细长的是叶柄和花柄

老公公喊老婆婆来帮忙。老婆婆拉着老公公，老公公拉着萝卜叶子，"嗨哟！嗨哟！"拔呀拔，拔不动。

——部编版小学语文课本，一年级（上）
《拔萝卜》

储存营养的肉质根茎

　　植物的根和茎并不都是细细长长的，比如**萝卜**就很粗。为了生存，植物愿意做出很多**改变**。当它们需要一个储存营养、帮自己度过困难时期的器官时，根和茎往往会**挺身而出**。这些变态的根和茎变得肥厚多汁，储存了水分和各种营养物质，通常被人们称为肉质根或肉质茎。

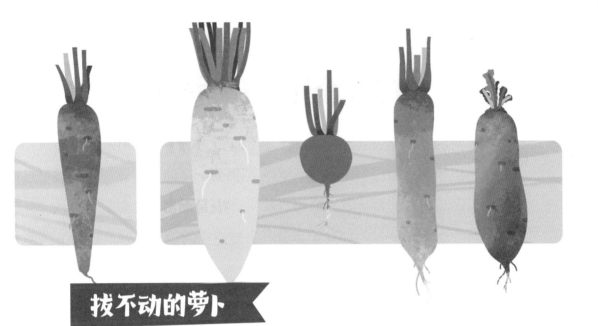

拔不动的萝卜

　　人们熟悉的萝卜就是肉质根。萝卜的根系是由处在中轴位置的主根和长在主根侧面的一些较细弱的侧根组成的。将萝卜完整从地里拔出来的时候可以发现，萝卜表面有一些断掉的"须"，这便是**侧根**了，它们起着固定和吸水的作用，萝卜难拔就是因为它们。看着小兄弟们各有各的工作，主根大哥也不甘落后，于是承担起了储存营养的重任。

　　把萝卜横切开，看一看它内部的结构吧。植物的根和茎都有两圈用来运输水和营养的结构，外面的那圈叫**韧皮部**，负责运输糖类等有机营养，主要是从上向下；里面的那圈叫**木质部**，负责运输水和无机盐，主要是从下向上。萝

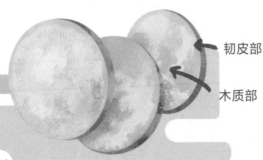

韧皮部

木质部

卜的韧皮部，也就是萝卜皮，并没有变得肥厚，不过它富含十字花科植物的"祖传"辣味物质——**芥子油**。真正长出肉来的是萝卜的木质部。与其他植物相比，萝卜的木质部纤维含量很低，并且除了这些纤维以外，增生了大量的薄壁细胞，用来储存营养和水分。正是这样的结构组成，使得萝卜不同于其他植物的根，它口感细腻，清脆嫩爽。

萝卜（*Raphanus sativus*）

白萝卜、绿萝卜、水萝卜、红萝卜，都是萝卜的栽培品种。但胡萝卜与真正的萝卜相去甚远，它是伞形科的植物，而萝卜属于十字花科。

主根

侧根

侧根也能"肿"

番薯，也就是甘薯、红薯、地瓜，是另一种人们熟悉的植物块根。不同于以主根作为储藏营养部分的萝卜，**番薯**是从植株的侧根上长出来的。每年，在番薯的心形叶片爬满地面的同时，地下的部分也在发生剧变。很多条侧根的中段和末端同时开始储存营养物质，这些以糖类为主的**营养物质**被塞进了侧根中心软嫩的薄壁细胞中，使这些细胞变得肥大，同时数量增多，于是便将原本细弱的侧根撑得肿大起来，变成了甘甜的番薯。由于富含糖分，番薯在一些国家被当作主食食用。

而对于番薯自身，它的**储藏根**也是"生命的火种"。根上发芽的事情在植物中不算很常见，但番薯可以。把一个番薯放在温暖的地方足够久，它储存的营养物质就将使自己发出好几处嫩芽。这样的番薯可以直接埋进土里种植，不用多久就会长成一株郁郁葱葱的新番薯。

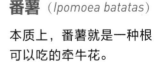

番薯（*Ipomoea batatas*）
本质上，番薯就是一种根可以吃的牵牛花。

让人流泪的洋葱

说到会让人流泪的蔬菜，你会想到什么？没错儿，洋葱。一层层地剥开洋葱，每一层都会让人流泪。这是因为那些刺激人眼睛的辛辣物质就储藏在这一层层的**鳞叶**里！

洋葱（*Allium cepa*）

洋葱和大葱是同一个属的近亲，但洋葱原产于中亚细亚，所以叫"洋"葱。

当洋葱长到一定高度时，地下的茎便开始膨胀、缩短，它的周围逐渐被鳞片状的肉质叶包围，以保护位于中心的芽。冬天来了，地上绿色的叶片逐渐枯萎，地下部分的外层变得更加干燥和脆弱，这时候从土里挖出来，就得到了我们看见的洋葱。洋葱这样的结构叫作**鳞茎**，茎本身并不负责储存营养，这个责任是由变态形成的鳞叶来承担的。正是鳞叶中储存的大量营养物质，为洋葱来年的发芽做好了准备。

土豆的名字

不同于番薯，同样叫"薯"的马铃薯，也就是土豆，并不是块根，而是**块茎**。虽然也是埋在土里，但土豆是由一些茎的端部膨大而形成的。

仔细去看，其实很容易将土豆与块根区别开来。作为茎，土豆的表面并没有像萝卜、甜菜那样的侧根，反而有很多凹陷的地方，每一个凹陷的地方都可以萌发长出新枝，我们称它为**芽眼**。很多植物是通过种子来繁殖下一代的，而土豆却可以用这些芽眼来繁殖。这种繁殖方式，不需要传粉，不需要开花结果，只需要一段茎就可以，属于无性繁殖的一种形式。人们可以将土豆切开，每一块留一个芽眼，这样每一块都可以长成一棵独立的植物。土豆作为食物，既没有丰富的味道，也没有漂亮的颜色，为什么能

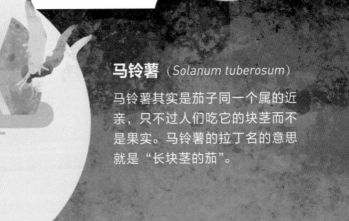

马铃薯（*Solanum tuberosum*）

马铃薯其实是茄子同一个属的近亲，只不过人们吃它的块茎而不是果实。马铃薯的拉丁名的意思就是"长块茎的茄"。

得到人们的喜爱呢？这是因为土豆中储藏了大量的 **淀粉**，淀粉可以转化为糖，就如同米饭一样，为人们提供能量。此外，相比于小麦，土豆栽种方便，十分高产，曾经解决了很多国家的饥荒问题，至今仍是餐桌上的常客。

昆虫陷阱

在食物链中，植物几乎总是处于最底端，只能被动物吃掉。但是大自然中总有很多奇异的现象，有一些植物就可以反过来捕食和消化小虫甚至小动物——它们就是**食虫植物**。大部分食虫植物的生长环境缺乏足量的氮和矿物质营养，为了满足自身生长的需要，它们选择另辟蹊径——**吃荤**。它们演化出了特殊的器官，有些把叶子变成难以逃脱的笼子，有些把叶子变成粘胶板，成为危险的昆虫**陷阱**，静静等待着昆虫自投罗网。这种特殊的食肉爱好和危险而独特的陷阱机关，令无数植物爱好者为之着迷。

大自然是一本看不完的大画册，是一部永远读不完的大书，里面有无穷的奥秘，有无尽的乐趣。

—— 部编版小学语文课本，三年级（上）
《读不完的大书》

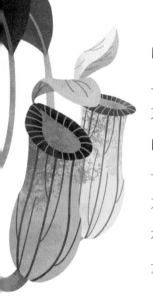

甜蜜的陷阱

和大多数植物一样，猪笼草也有叶子，但不同的是，猪笼草叶片的中脉没有像一般的植物那样终止于叶尖，它的末端延伸出来，变成了长长的卷须，末端膨大，形成一个像瓶子或说漏斗的**捕虫笼**。它的捕虫笼由两部分组成——一个是笼身（瓶状体），一个是笼盖（瓶盖）。和很多人想的不一样，笼盖并不会在捕虫的时候自动合上，但是它依然责任重大，在降雨如同家常便饭的热带地区，笼盖能够防止过量的雨水进入笼里。

为了吸引昆虫，猪笼草的瓶口（笼唇）和笼盖都有蜜腺，会分泌出对昆虫富有诱惑力的香甜蜜汁。同时，笼唇还覆盖着微小、光滑、具有引导作用的小突起。因此，当前来赶赴"鸿门宴"的昆虫降落在笼唇并开始吮吸陷阱提供的蜜汁时，它们会一点点滑向**陷阱**边缘，从而走上了一条死亡之路。

这也太滑了!

光滑的边缘会使小虫极易失足掉入陷阱，落在半瓶子水里。尽管笼盖并不会关上，但也不用担心猎物会逃跑，因为捕虫笼上半部分的内壁有极其光滑的**蜡质区**，使猎物无从落脚，易进难出。笼

猪笼草属（*Nepenthes*）
亚洲热带地区森林中多见的食虫植物，由于它们的园艺价值，猪笼草面临着盗采盗挖的威胁。

快到我碗里来!

身的下半部分有**消化腺**，会分泌出含有蛋白酶、几丁质酶的酸性黏液，它们可以很好地消化并**分解**进入笼中的猎物。上有无法逾越的蜡质天堑，下有难以挣脱的消化黏液，贪吃的小虫便只能慢慢等死了。

值得一提的是，在大部分情况下，同一种猪笼草的笼子之间，形态也具有**差异**，这可以让猪笼草更高效率地捕食。一般生长在靠下位置的笼子大多都较圆、较宽，能分泌大量的蜜液，主要吸引步行的小动物攀爬进入；而生长在上部的笼子则较细、较长，漏斗形的大开口和反射的紫外线会对一些飞行的小动物产生极大的吸引力。

致命的拥抱

　　和猪笼草不同的是，茅膏菜没有像笼子一样的捕虫器，它们的叶片变化成了布满腺毛的精妙陷阱。

　　茅膏菜叶片上的腺毛分为两种：一种是短短的无柄腺毛，一种是比较长的有柄腺毛。有柄腺毛的末端会分泌出香甜且闪闪发光的黏液，看上去就像是晶莹剔透的露水，又像是蜜膏，使许多昆虫对此趋之若鹜。但不要被黏液的可爱外表蒙蔽，这并不是蜜，而是致命的胶。这胶不仅能牢牢粘住昆虫，而且会堵住它们身侧的气孔，使其不能呼吸。

　　当贪吃的飞虫被诱惑而来，落在了有

柄腺毛上，就会立即被黏液牢牢粘住。茅膏菜叶子上大部分的腺毛是可移动的，当小虫碰到其中的一根并且开始挣扎时，周围的腺毛也开始向着小虫的方向倾倒，让胶水一样的黏液尽可能多地接触到昆虫，随着时间的推移，越来越多的腺毛聚集在一起，牵动着叶片向昆虫卷来。到最后，叶子紧紧卷在一起，牢牢抱住根本无法逃脱的猎物。

与此同时，茅膏菜的无柄腺毛便开始分泌消化液，将昆虫的内脏消化。这个过程短则几个小时，长则几天。时间一过，叶子便已经完全吸收了虫子的养分，而虫子只剩下几丁质构成的空壳了。在吃掉虫子后，茅膏菜的叶片和腺毛就会重新展开，继续等待着新的猎物。

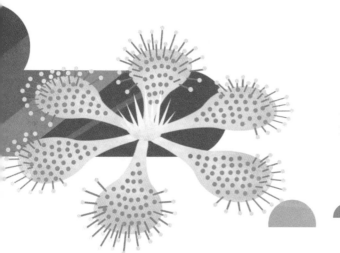

茅膏菜属 (*Drosera*)

中国西南地区的山地有原产的茅膏菜，但园艺市场上流行的观赏茅膏菜基本都是从国外引进的。

第 3 章

何时开花，是门大学问

　　开花，是一株植物开始繁殖的标志，也是它一生中至关重要的时刻。为了让花粉传播，让果实成熟，让自己的生命被后代**延续**，开花时机的选择是个大有讲究的问题。无论是《花钟》和《十二月花名歌》这两篇课文，还是像《花为媒》这样的传统戏曲，都为我们描述了一个现象：植物会在一年中不同的季节、一天中不同的时间开花。

　　究其根本，这是植物根据环境因素，反复权衡而得出的一种**生存策略**。阳光、雨水、传粉动物……都参与了这个过程。

是什么让植物知道该开花了？

在身体里储存了足够的营养后，植物就具备了开花的必要物质条件。接下来，它需要等着大自然发出一个**信号**，好知道自己该开花了。收到信号后，它们开始长出花芽，让花芽**发育**成花蕾，最终开放成美丽的花朵。

而问题就在于，大自然向植物发送的信号，究竟是什么呢？

春季里，春风吹，花开草长蝴蝶飞。

—— 部编版小学语文课本，二年级（上）
《田家四季歌》

来自太阳的信号

地球上一年有**四季**，四季的昼夜长度也各不相同（此处可以参考《课本里的奇妙地理》第三章）。这样的周期变化与植物的生活息息相关。以中国大部分地区所在的北半球温带为例吧，这里四季分明，夏天的白天很长，冬天的白天很短，太阳每天照射在大地上的时间长短是不同的。这样的变化，被我们称为一年中的光周期变化，而"光周期"，对于植物来说是很重要的信号。

有些植物，每天要暴露在阳光下超过一定时长才能开花，这叫作**长日照植物**。它们典型的生长方式是这样的：春回大地，小草破土而出，树木的枝条也吐露新芽，植物逐渐枝叶丰茂起来，在体内储存了足够的营养物质，并且一直在等待着，等待白天一天天变长；终于，当每天的光照时间超过了它们需要的最短**时长**，开花的信号就传递到位了。这样的形式意味

早开堇菜（*Viola prionantha*）
北方城市的草坪里极其常见的小野花。

着，长日照植物在晚春、初夏等时间开花。大家在这个时节看到的开花植物，基本都属于长日照植物。

与之相反的是**短日照植物**，它们在每天光照少于某个长度时开花。因此，短日照植物开花往往是在春季或者秋季。春季开花的典型植物是**早开堇菜**。经过早春短暂的营养积累，这种植物很快便拥有了开花所需的储备。随后，趁着白天长度还短，短于它们所要求的最长时间，早开堇菜迅速开花，为春季的草地添上了浓郁华贵的紫色。秋季开花的植物，典型的是我们每天所吃的大米饭的来源——**水稻**。以重要的水稻产地——东北地区为例，每年的插秧时间是 5 月中下旬，经历一整个夏天的生长后，随着秋季到来，日照时间变短，达到时长要求，水稻才开始开花，然后在接下来的一个多月中传播花粉、结出种子，稻粒逐渐饱满成熟，成为深秋十月金色的稻浪。

白天变短了，开花！

稻（*Oryza sativa*）

中国有 6000 余年的稻谷栽培史。

不冻不开花

　　人类还有另一种重要的粮食作物——小麦，它的开花不仅仅受到光周期的控制，还受到温度的影响。在华北平原，人们种植的小麦类型是"**冬小麦**"。冬小麦的播种时间是每年秋季，当它们长到小草那样的高度时，冬天就到了，冬小麦将进入休眠，在瑞雪的覆盖下度过冬天，直到第二年开春，积雪化去，再继续生长，在春季开花，在夏初时节成熟、收割。

　　熬过寒冷的冬天，对于冬小麦来说是非常必要的。因为冬小麦采用的是一种叫作**春化作用**的开花控制方式。所谓"春化"，就是说一种植物必须经历一段时间的低温才能开花。对于一株秋天发芽的植物来说，如果没有办法抑制自己的正常生长，就很有可能会在冬天开出花朵，白忙一场。因此，这些植物必须用一种准确的方法**感知**外面的时节，在冬天保持低调，并且知道春天是不是真来了。数月的寒冷就是这种信号，它意味着，现在是冬

忍过冬天
再开花!

天，不能开花；而当一冬的寒冷结束，那就是开花的信号！

　　当然，值得注意的是，"一段时间"和"寒冷"，两者**缺一不可**，毕竟天气不会总是那么听话。11月某一两天降温下雪的事情并不罕见，但是天气马上会再次暖和起来。冬小麦可不会上它的当："冷的时间不够长，刚刚过去的不是冬天。花芽，忍住，别冒出来！"

小麦（*Triticum aestivum*）

小麦的种植方式因地而异，在东北地区，由于冬天太冷，无法越冬，小麦是和水稻一样春播秋收的。

还有别的办法

　　如果一株植物被栽种在花盆里，摆在一张办公桌上，那它很有可能无法接触到自然的光周期和冷热变化。很多时候，这些植物无法开花，但假以时日，也会有一些植物感觉到不对劲。在生长了好几年，早已满足了开花对营养物质的需求后，它们会在没有外界信号的情况下，用自我调节的方式来开花。通过自己体内的**信号**传递途径，抑制开花的基因被关闭，而开花的基因就开始发挥作用了。

赤霉素，喷一喷

　　开花这件事同样可以被人类干预。植物体内有很多种**激素**，调

节着植物的生长和生理功能，其中一种叫作**赤霉素**。人们发现，很多植物可以在赤霉素的诱导下开花。通过向一些长日照植物体内添加赤霉素，我们就可以让它们在短日照条件下开花；而用于一些需要春化才能开花的植物，也能让它们未经春化就能开花。赤霉素能够直接促进开花基因发挥作用，如果想让室内的盆栽开花，这种办法说不定可以试试。

为何要在不同的季节开花?

春日阳光和煦、气温回暖,最适合植物的生长发育,于是百花齐放。夏天阳光充足、雨水丰厚,最利于营养物质积累。这时植物已枝繁叶茂,果实也开始发育。在气温降低之前,果实发育成熟,形成了**秋季**硕果累累的丰收美景。待到种子落进土地后,刚好过上一个冬天,在来年春天生根发芽。这是最普遍的植物周年节律。

劳动人民根据生活经验总结出的《十二月花名歌》告诉我们,植物会**选择**不同的季节开花。春兰秋菊,夏荷冬梅,这是大自然赋予四季的多彩美景,也是植物们在数亿年的演化历程中选择的最适合自己的生活方式。

九月菊花姿百态,十月芙蓉正上妆。
冬月水仙案头供,腊月寒梅斗冰霜。

—— 部编版小学语文课本,二年级(上)
《十二月花名歌》

山林中的先行者

　　侧金盏花是北方最早开花的植物之一。北国的三月，山林间还是一片白雪，偶有融化的缝隙，露出下面枯黄的落叶。在阳光最好的地方，钻出了一个紫褐色的小球，约有婴儿拳头大小，这就是**侧金盏花**的花蕾。当温暖传遍整个植株，"小拳头"就会逐渐张开，花蕊在交错重叠的花瓣中最先品尝到阳光的美妙，黄色的花瓣也紧随其后舒张开，争分夺秒地享受难得的阳光，整个开花过程只有十几分钟。由于**早春**的温度很低，侧金盏花非常依赖阳光辐射的能量，时刻对准太阳，随着太阳移动而抬头低头。在云层较厚时和太阳落山后，它们就会蜷缩成攥紧的小拳头，等待阳光再次出现。

　　侧金盏花开了，鲜黄的花瓣是最醒目的**信号**，周围的蜂类和蝇类纷至沓来。这是最早醒来的一群昆虫，需要同样起个大早的花来为它们提供糖分维持身体运转。在早春这个天气刚刚转暖、万物尚待复苏的微妙时刻，侧金盏花就是它们唯一的蜜源。在开花的七八天里，侧金盏花不仅为这些**传粉者**提供了食物，更提供了一个良好的取暖场地，让昆虫有个歇脚的地方，同时也增加了自

破雪而出

身传粉结果的机会。

　　从初夏开始，侧金盏花生长的角落就会被浓密的树荫所遮盖，再难寻觅阳光。于是，侧金盏花抓住了早春的时机，在大多数植物还在休眠时，快速完成传宗接代的大业，将获得的养分尽可能地储藏在地下的肉质根里。等其他植物为了光照和传粉昆虫争得不可开交时，侧金盏花早已开始休眠，躲在土中静候下一个初春了。

侧金盏花（*Adonis amurensis*）
多年生草本植物，植株矮小但花美，别称"冰凉花"，是早春花期短暂的植物的代表。生长在中国东北，以及朝鲜、日本等地区的山坡草地或落叶林下。

夏天是生机勃勃的，也是多姿多彩的。桂花、栀子花、木槿花、兰花……五颜六色的花开得漫山遍野，令人目不暇接。但是，有一种不起眼的蓝紫色小花，却牢牢吸引着昆虫的视线，这就是荆条。**荆条**在"负荆请罪"的故事中广为人知，也是"荆棘"一词当中无刺的那个"荆"。

虽然荆和棘经常夹杂而生，阻塞山道，使人难以前行，却都是优良的蜜源。荆条蜜与枣花蜜、槐花蜜和荔枝蜜并称四大名蜜，也是中国产量最稳定的蜂蜜种类之一。

荆条在开花的时候非常**招虫**，各种蜜蜂、蝇类和甲虫都对它钟爱有加。为什么在众多花朵中，昆虫们更偏爱荆条呢？首先，荆条的花期很长，能开两三个月，这意味着它是附近昆虫们最稳定的"**食堂**"。而

荆条（*Vitex negundo* var. *heterophylla*）
荆条是黄荆的一个变种，是北方山林中最常见的灌木之一。

荆条花本身，又几乎集合了一切昆虫喜爱的特质：神秘的蓝紫色、含义不明的花纹、沁人心脾的幽香。这些都令**传粉者**们难以抗拒。引客上门之后，荆条的服务做得也很到位：五片花瓣像个倒扣的魔法帽，靠外侧的花瓣最大，为来采蜜传粉的昆虫提供了一个落脚的地方；内侧则紧紧包在子房周围，积蓄着大量透明的蜜汁，富有营养。荆条为昆虫提供最优质的食物，昆虫也将它的花粉传递到四方，帮助荆条更好地繁衍。

除了土壤肥沃、气候温和、适合大多数植物生长的地方，荆条在干旱少雨、土壤贫瘠的地方也能**顽强**生长，甚至能帮助改良土壤质量。有如此强大的竞争力，无怪乎荆条不惧开在夏天，与各路奇花一较高低了。

蔺相如的话传到了廉颇的耳朵里。廉颇静下心来想了想，觉得自己为了争一口气，就不顾国家利益，真不应该。于是，他脱下战袍，背上绑着荆条，到蔺相如门上请罪。

—— 部编版小学语文课本，
五年级（上），《将相和》

花中隐士的策略

秋季百花凋零，百草渐枯，到处一片萧瑟的景象。但如果留意路旁，你也会发现一朵朵黄色的小菊花正精神抖擞地开着。《礼记》有云："季秋之月，鞠有黄华。""黄华"便是田野中的**野菊**。农历九月正是菊花盛放的时期，早在 3000 年前，古代人就已注意到这种独树一帜地开在秋季的小花，并赋予它很多美好的品格。

菊花在秋天开花，并不是因为它"不慕名利，淡泊高洁"，而是长期**自然选择**的结果。菊花属于短日照植物，在自然条件下，每日光照 12 小时以上储备营养、生长发育，12 小时以下则开始孕育花芽。在秋分过后，昼短夜长，形成了短日照条件，菊花就悄悄开放了。同时，菊花的适应性很强，

野菊（*Chrysanthemum indicum*）

一种野生的菊花，在全中国都能见到，是多种栽培菊花品种的祖先之一。

喜凉爽，较耐寒，在秋高气爽的温度下开花最舒服。

在观赏花卉中，菊花是变化最丰富，也最易栽培的一种。在数千年的人工培育下，原产于中国的菊花已有了上万种美丽的颜色与别致的花形，畅销世界。菊花们始终保留着来自祖先的一个特征：看起来像一朵单花，实际上是由许多无柄小花组成的。这种结构叫作**头状花序**，外周像花瓣的是舌状花，中心像花蕊的是管状花。舌状花大而美丽，退化了繁殖功能，专门吸引传粉昆虫；管状花则是同时具备雌雄蕊的两性花，密集地组成花心，方便昆虫一次性完成多花授粉。这种花序结构分工有序，节省了养料，还可以提高传粉**效率**，因此菊花可以在百花萧索之后再开花，独享昆虫的关注。

作为菊花的祖先之一，野菊没有后辈那么风姿绰约、绚丽多彩，但鲜艳的明黄色又为它提供了一些**优势**。秋天天气变凉后，大多数昆虫已经完成繁衍大业，"生无可恋"地静静等待着生命的终结。这时，只有最受欢迎的黄色花朵还能稍微唤起昆虫们的兴趣，继续做起传粉的义工，将它们的花粉四处传播。

寒风中的小灯笼

寒花绝品是蜡梅。隆冬时节，草木萧瑟、万物蛰伏，枝头绽放的小黄花填补了这一长段空白期，为冬日带来了暖洋洋的希望。

蜡梅虽然带有"梅"字，却与蔷薇科的梅花相去甚远，也不在一个目下。蜡梅在冬季开花，花香馥郁，沁人心脾；梅花则在春季开放，花色多为粉红，清香淡雅。二者因开花时间相近、气味相似，自古以来就常被混为一谈。直到北宋文学家黄庭坚指出蜡梅的花瓣鲜黄透亮，仿佛被一层蜡质覆盖，"类女功捻蜡所成"，显著区别于梅花，这才为蜡梅正名。

蜡梅表层的蜡质不仅让花朵晶莹剔透，更对脆弱的花器官起到重要的保

梅花　　　　　蜡梅

护作用。它能减少水分散失和紫外线辐射，帮蜡梅积聚热量，防止花瓣结冰冻伤。有了这一层防寒保暖的"外衣"，蜡梅才有了斗霜傲雪的勇气。

蜡梅也是**虫媒花**。在它的原产地长江中下游地区，由于冬季没有那么冷，还有少量蜜蜂和食蚜蝇在冬天活动。蜡梅依靠它们传粉，也慷慨地分泌花蜜，帮助这些小伙伴越冬。蜡梅开花时满树芬芳，浓郁的香气扩散开来，逗引着附近的昆虫寻香而至。一片肃杀中，明亮的黄色花朵就像**灯塔**，给昆虫指引方向，也是最热情的邀请。不仅如此，蜡梅还有易被昆虫探访的简单结构，绝不浪费对方的一丝能量。

冬去春来，蜡梅悄悄隐没在万物复苏的姹紫嫣红中，四季的轮回又开始了。

蜡梅（*Chimonanthus praecox*）

落叶灌木或小乔木，原产于中国中部，喜光耐干旱，花期 12 月至翌年 2 月，也称"黄梅"，是各地园林中常见的冬日装点。

今天，你想何时开花？

春天牡丹绽放，夏天荷花盛开，秋天菊花开满，冬天梅香扑鼻。大家都知道，花儿们不会整年开放，而是有特定的**季节性**。那你有没有注意到，在一天里，有些花儿也并不是二十四小时盛开的？它们有自己花开花落的时间表。

为什么不干脆开上一整天呢？原来，这些植物也各有各的道理。

鲜花朵朵，争奇斗艳，芬芳迷人。要是我们留心观察，就会发现，一天之内，不同的花开放的时间是不同的。

—— 部编版小学语文课本，三年级（下）
《花钟》

一日之计在于晨

喇叭花是大家比较熟悉的植物，它的叶子是心形的，花冠漏斗状还很大，色彩多样而艳丽，藤蔓爬满了篱笆和草丛。这种花的大名叫作**圆叶牵牛**，来自南美洲，因为极强的适应性，加上百变的美貌，在自身的努力和人类的帮助下，迅速"占领"了中国的大部分地区，在城郊荒地及广大农村地区都能见到它们的身影。

你有没有注意过，圆叶牵牛喜欢**早上**开花，一到中午，

圆叶牵牛（*Ipomoea purpurea*）

栽培最广泛的牵牛花种类之一。

开过的牵牛花便不会再像花苞那样扭旋，
而是会像这样向内收缩闭合

花冠就会打着卷，回到花骨朵的状态？若是阴天，它能开到中午，甚至下午；若是晴天，花瓣在晒到太阳后，便很快蜷缩起来。之所以选择这种**策略**，是为了既享受到暖阳，又不用担心烈日晒干花粉。早上，夜行动物们准备回到各自的避风港躲避烈日或天敌，白天行动的动物大都还不太活跃，为了在短暂的开花时间里吸引传粉者，圆叶牵牛变幻出多种颜色，或粉，或紫，或蓝。在那些刚刚暖过身子的昆虫眼中，没有比这样的花更吸引眼球的了，于是它们纷纷来到了圆叶牵牛的花上。

圆叶牵牛因它早开的特性，被日本人取了个非常美的别称——**朝颜**。"朝颜"不是正式的植物名，凡是一大早开花的，都可以这么叫，不必较真。

但这也引发了人们的思考，是不是其他的"朝颜"，采用的也是与圆叶牵牛同样的策略呢？

夜行的花仙子

　　有植物起早，便有植物贪黑。"昙花一现"这个成语的主角，则要等天黑透，晚上九至十点才开。层层叠叠的白色花瓣次第张开，将娇嫩的黄色花蕊捧在中间，仿佛一位花仙子披着白色的晚礼服，在参加一场只有她一个人的盛会。可是这绝美的景象却又只能持续三两个小时，天还没亮，昙花便谢了。

　　昙花的本质是一种原产自美洲热带雨林的**仙人掌**。昙花生长的林下环境阳光并不炽烈。这种植物在夜间开花是为了吸引夜间活动的传粉者，而它的主要传粉者不是昆虫，而是**蝙蝠**。吸引蝙蝠的办法，首先就是洁白无瑕的花冠：白色是最明亮的颜色，在夜间，白色能够反射更多的光，让自己尽量**醒目**，成为有效的视觉引导。除此之外，昙花还会散发一股能传很远的**幽香**，指引黑夜中的蝙蝠，即使隔得远看不见，也能循着味道找上门来。

昙花（*Epiphyllum oxypetalum*）

很受欢迎的家庭盆栽植物，花美
而且好养。

我最喜欢的蝙蝠，
快快上来!

比如，昙花的花瓣又大又娇嫩，白天阳光强，气温
高，空气干燥，要是在白天开花，就有被灼伤的风
险。深夜气温过低，开花也不适宜。长期以来，它
适应了晚上九点左右的温度和湿度，到了那时，便
悄悄绽开淡雅的花蕾，向人们展示美丽的笑脸。

—— 部编版小学语文课本，三年级（下）

《花钟》

看天行事

一些植物嫌气温太高，嫌光照太强，而另一些植物却偏偏**向阳**而生。这儿说的可不是向日葵，而是龙胆。

龙胆是最懂得看天色，而且反应最快的植物之一了。

中国的龙胆属植物大多生长在**中高海拔**的西南山岳地带，神秘的蓝色和优雅的白色是它们的两大主打色系。高山温度低，资源匮乏，植物们需要趁着短暂的夏日雨季，努力生长，开花结果，完成生命的传递，因而普遍身材不高。

身材尤其**矮小**的龙胆家族甚至会在没有阳光的时候紧闭喇叭状的花冠，等到太阳出来，才快速打开花冠，吸收热量，为生存和繁殖积蓄能量。同时，传粉者们也会趁着

天晴外出觅食，顺带传粉。

若是突然阴雨或太阳落山，龙胆们又会迅速收起花冠。如此，既节省了能量，又能避免被雨水冲刷掉花粉。

在高山上，一切都得精打细算着来。

龙胆属 (*Gentiana*)

即使在群芳斗艳的高山植物中，各种龙胆仍旧是闪亮的大明星。

第4章

植物如何传播花粉和种子？

　　成功开出花朵之后，植物又要面临一系列新的问题：要怎样接触另一株植物，实现**繁殖**，又该借助什么力量扩展自己的领地？花粉需要离开一朵花的雄蕊，去到另一朵花的雌蕊，并且精准地落在雌蕊的顶端，也就是柱头上。只有这样，雌蕊才会结出果实。

　　接下来，种子又该往何处去？它不应该落在自己的母亲脚下，与母亲争夺土地。最好让种子"**走出去**"，找到新的栖身之所。植物没有腿，这些问题似乎都显得很困难，不过也别太担心，因为"植物妈妈有办法"。

一万种请"蜂"来的方式

最简单的问题往往也最深奥：为什么花那么好看？人类喜欢花，但花的美丽却不是为人类而生的。从一亿多年前的白垩纪开始，植物演化出了花朵，随后，在很短的时间里，开花植物就遍布地球。关于**开花植物**（被子植物）为何如此强大，很多科学家认为，原因之一就在于花本身。花朵是植物传宗接代的密码，它们鲜艳的色彩、奇妙的花纹、精巧的结构、沁人的芳香，无不在向它们最重要的花粉传播者——昆虫，传递着诱人的信息。

为了吸引昆虫到来，花朵必须**投其所好**。昆虫都喜欢什么？比如蝴蝶吧，它们喜欢甜甜的花蜜，里面的糖分直接为蝴蝶提供了每天飞行所需的大量能量。再比如一些小甲虫，它们喜欢趴在花蕊上啃食花粉，这是一种富含蛋白质的优质食品。而我们最熟悉的传粉昆虫——蜜蜂，则会说："我全都要。"

它们用口器吸取花蜜，储存在"蜜胃"（嗉囊）里，

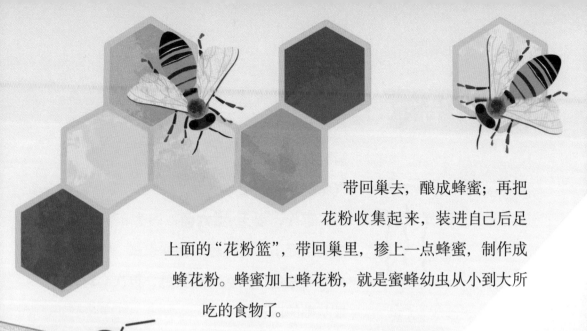

带回巢去，酿成蜂蜜；再把花粉收集起来，装进自己后足上面的"花粉篮"，带回巢里，掺上一点蜂蜜，制作成蜂花粉。蜂蜜加上蜂花粉，就是蜜蜂幼虫从小到大所吃的食物了。

于是，除了雄蕊上挂着的花粉外，花的底部又分泌出了花蜜。为了获得食物，昆虫们来到了花朵上。无论是为了吃到花蜜而尽力将身子探进花里，还是为了吃到花粉而在雄蕊丛中忙碌，它们的身上都会沾上花粉。当昆虫去往下一朵花，重复这个过程的时候，身上的花粉就会沾在下一朵花的雌蕊上，完成花粉的**传播**。就这样，花朵付出花蜜和一部分花粉，换取了昆虫传播花粉的劳动。

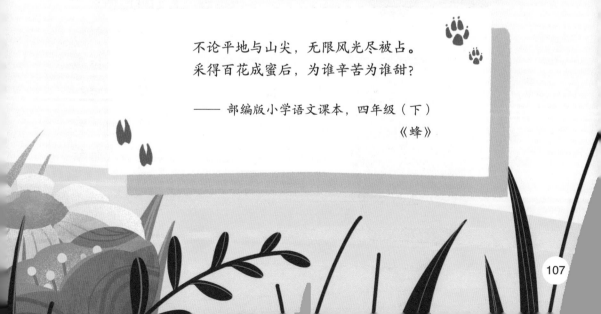

不论平地与山尖，无限风光尽被占。
采得百花成蜜后，为谁辛苦为谁甜？

—— 部编版小学语文课本，四年级（下）

《蜂》

光有花蜜是不够的。一朵花想在众多的鲜花当中脱颖而出，被昆虫注意到，就需要打广告，而花朵美丽的外表和芳香的气味就是它们最好的"招工广告"。

首先，要**五颜六色**，因为不同的昆虫会偏好不同的颜色，比如蜜蜂，它们最喜欢蓝紫色，其次喜欢黄色，再次会选择最基础的白色。

其次，要长出一些**花纹**。很多植物的花瓣上都有错综复杂的花纹，其中很多的含义尚未被人类破解。但它们在昆虫眼里也许看起来像一些什么，产生难以抗拒的吸引力。

最后一个好用的办法是发出**气味**。昆虫的嗅觉很敏感，它们可以循着气味找到这里。发出香味固然好，但有些植物偏要反其道而行之。巨魔芋，也叫"尸香魔芋"，在开花时会散发出浓烈的尸臭味。与此同时，它们的花穗下面包裹的佛焰苞呈现暗紫色，尸体的气味加上尸体的颜色，专为吸引苍蝇来传粉而设计。

巨魔芋

(*Amorphophallus titanium*)

它和我们熟悉的用来做魔芋结和蒟蒻果冻的植物魔芋是近亲。

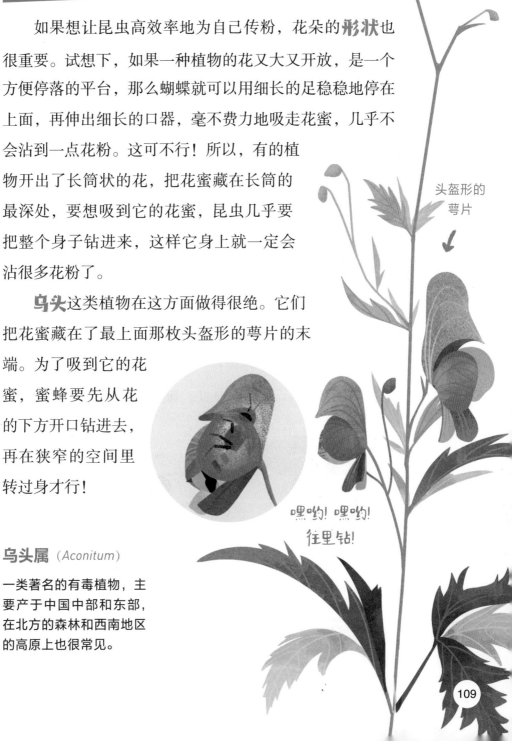

如果想让昆虫高效率地为自己传粉，花朵的**形状**也很重要。试想下，如果一种植物的花又大又开放，是一个方便停落的平台，那么蝴蝶就可以用细长的足稳稳地停在上面，再伸出细长的口器，毫不费力地吸走花蜜，几乎不会沾到一点花粉。这可不行！所以，有的植物开出了长筒状的花，把花蜜藏在长筒的最深处，要想吸到它的花蜜，昆虫几乎要把整个身子钻进来，这样它身上就一定会沾很多花粉了。

乌头这类植物在这方面做得很绝。它们把花蜜藏在了最上面那枚头盔形的萼片的末端。为了吸到它的花蜜，蜜蜂要先从花的下方开口钻进去，再在狭窄的空间里转过身才行！

头盔形的
萼片

嘿哟！嘿哟！
往里钻！

乌头属（*Aconitum*）

一类著名的有毒植物，主要产于中国中部和东部，在北方的森林和西南地区的高原上也很常见。

109

如何欺骗昆虫？

植物没有大脑，但它们的智慧相比动物也不遑多让。有些植物很抠门，它们不愿意给昆虫提供花蜜，那就只好想出一些**妙计**，骗骗昆虫啦。你有没有注意到兰花最显著的特征是什么？它们中间朝下的那个花瓣和其他的花瓣不一样，形状很奇特，颜色和花纹也特殊，叫作**唇瓣**。兰花的各种计谋，几乎全是在唇瓣上施展的。

骗术最高明的一种兰花，是来自欧洲的土蜂兰。它们的唇瓣是褐色、毛茸茸的，形状也很古怪。这种外观不是在**模拟**食物，不是在模拟产卵地，而是神似当地的一种土蜂的雌性。雄性土蜂如何能抵挡这样

唇瓣

雌性土蜂

110

亲爱的，
我来了!

的诱惑呢? 它们飞过来，落在唇瓣上，与这只假雌蜂进行了幻想当中的一次交配，身上也就沾上了蜂兰的花粉块，蜂兰的传粉就这样完成了。人们不知道雄土蜂有没有意识到自己被骗，只知道如果它再碰见下一朵蜂兰，仍然会上当。

土蜂兰（*Ophrys speculum*）

产自欧洲南部，地中海沿岸。土蜂兰属还有其他一些种类，也具有欺骗雄性昆虫的能力。

　　也有一些植物不事张扬，而是低调地与某类昆虫建立了亲密的、专一的伙伴关系。**榕**只会用榕小蜂来传播花粉，榕小蜂也只会给榕传播花粉。榕的花我们看不见，它们无数的小花都开在一个封闭的花头内部，所以，榕树果也叫"**无花果**"。榕小蜂的卵就是产在无花果当中的，幼虫孵化以后，它们以每一朵小花下面结的种子为食，逐渐长大。

　　先**羽化**成虫的是雄性，它们没有翅膀，首要的任务是去寻找尚在蛹的状态的雌蜂交配。因而

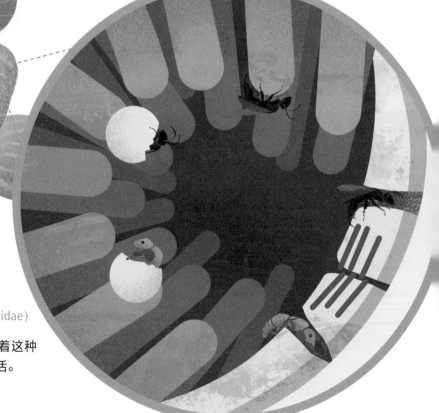

榕小蜂科（Agaonidae）

大多数榕小蜂都过着这种
与榕紧密合作的生活。

112

榕属 (Ficus)

榕是一个非常庞杂的植物大类，它们的共同特点就是无花果。

雌性榕小蜂飞向新的无花果

雌蜂一羽化出来，就已经是怀孕的了。接下来，雄虫们会用尽自己生命最后的力量，在无花果的壁上钻出一个小洞，让有翅膀的雌蜂从这里爬出去。

在自己出生的无花果中一番摸爬滚打之后，雌性榕小蜂已经沾上了很多花粉，要离开这个无花果，飞到下一个无花果去产卵。从外面看，无花果严丝合缝，几乎毫无破绽，只在底部有一个极其狭小的开口。这便是榕为无花果专设的"**密码锁**"，其他昆虫禁止进入。开锁的密码，是榕小蜂微小的身形，只有它们才能从这么小的孔中挤进去。这个过程十分艰难，雌性榕小蜂往往会在其中受伤——翅膀脱落、触角折断都是常有的事。但伟大的母亲必须完成这一生中最后的考验，将身上带着的花粉传播到新无花果的小花上，而其产下的后代也将以新无花果中结出的种子为食，然后开启一个新的轮回。

风就是我的媒人

要完成从雄蕊到雌蕊的花粉**传递**，光有昆虫家族出力可不够。有的植物"绞尽脑汁"，想出了很多其他的奇妙方法。

比如，有些植物就找到了我们每个人都遇到过的老朋友——**风**来帮忙。可以这么说，风就是这些植物的"媒人"，为它们牵媒拉线，好不热闹。

这些依靠风来传播花粉的植物，有一个专属于它们的名称——**风媒花**。在开花之后，风媒花的花粉从雄蕊上飘落，随着风四处散播，大多数的花粉比较倒霉，找不到应该去的地方。只有一小部分幸运儿落到了雌蕊的柱头上，才有机会完成传粉的过程。

正因为如此，风媒花长得跟虫媒花不一样，它们没必要拥有艳丽的外表，也没必要散发香味、分泌甜甜的花蜜。反正它们不需要

讨昆虫的喜欢。与此相反，很多风媒花外表过于**平凡**，甚至不像花，比如桑树的花。以至于人们会有疑问：桑树也会开花吗？

是的，它们开花。它们的花虽然外表平凡，却暗藏着独特的本领，帮助它们解决了风力传播花粉所要面对的两大核心**难题**。

第一，怎样让花粉在空气中飘得足够远？

第二，怎样让雌蕊捕捉到空气中的花粉？

故人具鸡黍，邀我至田家。
绿树村边合，青山郭外斜。
开轩面场圃，把酒话桑麻。
待到重阳日，还来就菊花。

—— 部编版小学语文课本，六年级（上）
《过故人庄》

微型气球

松树家族相当庞大，它们大部分生活在北半球，中国的绝大多数区域都能见到它们的身影。大多数**松树**都能长得很高大，长相有点一致：有着像针一样的叶子，还有卵形或圆柱形的装满松子的松果，很容易辨别。

要结出好吃的松子，首先要解决的就是传粉问题。松树的雌球花和雄球花长在同一棵树上，雌球花就是我们熟悉的**松果**，而雄球花则比较小，几朵或几十朵一簇，生长在当年新长出的嫩枝基部。在中国，春季是松树开"花"的时节，使劲儿摇摇树枝，松花粉就会从雄球花中抖落出来。松树的花粉量极大，抖落的瞬间，会从雄球花里飘出一阵"花粉雨"。如果是一般的花粉，那么这阵"雨"恐怕很快就要落地了，但很多松树的花粉有一个特殊的机关——**气囊**。这些气囊就像是绑在花粉上的氢气球，能够让花粉更加容易随风飘扬，散播到更远的地方。

在松花粉随风飘到的另一边，

两个气球
飞上天 ➘

雌球花在那里等着它们。雌球花由一片片**种鳞**构成，在尚未成熟时，种鳞都是闭合起来的，只在外面有一个小小的孔，让花粉从这里进入。在广阔天空中随风飘散，寻找这样的一个小孔，松花粉的成功率可想而知。如果没有庞大的花粉数量和气囊提供的飘浮能力，松树们恐怕早就断了后代。

松属 (*Pinus*)

全世界有120多种已知的松树，它们是北半球最成功的针叶植物。

玉米为什么长胡子？

玉米也是风媒花，它们的诀窍是"齐心协力"。玉米的雌花和雄花长在不同的位置，雄花长成一**穗**，立在植株顶端，高高在上，十分显眼；而雌花就要含蓄得多，长在半腰，还包裹着厚厚的苞叶。在开花的时候，雄花会伸出又细又长的**花丝**，让充满花粉的花药伸出花外，像风铃般随风摇摆，随着轻风拂过，花粉就被吹散在了空气中。

而与之相配合的，就是雌花的"**胡子**"。人们在啃玉米的时候都会嫌玉米须碍事，从而把它扯掉。但实际上，如果没有玉米须，就不会有香甜的玉米粒，因为玉米须其实就是玉米雌蕊的柱头。不同于普通的柱头，玉米的柱头变成了长长的须状，很多玉米须聚在一起，从玉米棒子的尖上冒出来，活像一支**拂尘**。就像我们用扫帚收集起地上

捞花粉的
"长胡子" →

玉蜀黍（玉米） *(Zea mays)*

原产于墨西哥的著名粮食作物。我国各地均有栽培，是重要的谷物。

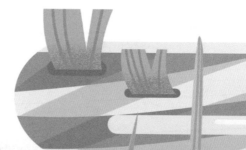

的灰尘一样，玉米须形成的"拂尘"高效地收集着空气中飘浮的花粉颗粒。就这样，在雄花和雌花的共同努力下，一阵风吹过，花粉就可以顺利地从雄花转移到雌花上，雌花随之结出种子，成熟后变得粗壮且饱满，就是我们熟悉的玉米棒子了。

花粉抛射器

桑树是非常典型的风媒花。人们之所以会觉得桑树花不起眼，是因为桑树的花几乎没有花冠，而且是绿色的。事实上，没有花冠是好事，因为花冠反而会阻挡风中的花粉飘来的脚步。

桑树的雄花是**抛射**花粉的小小"抛石机"。刚刚开花时，雄蕊还不饱满，窝折在花里面，被花托上的一个小突起卡住。但随着雄蕊的成熟，花药裂开，花丝也逐渐充水膨胀了起来。终于，花丝挺直腰杆的力量突破了那个小突起的阻挡，嘭地直立了起来，将花药高高地竖立在花朵之外。在这弹指一挥间，花粉就像抛石机里的石头，被抛洒到空气中。

接收!

抛射!

释放!

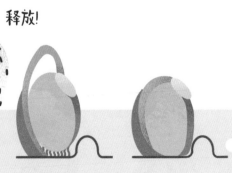

120

等在另一边的雌花虽小，但它们聚集成一穗，仲山短小却长着黏毛的雌蕊，增大了与空气接触的面积，依靠集体的力量弥补了个体身材的不足。这是风媒花常用的一种花朵组织形式，学名叫**柔荑花序**。捕捉到空气中的花粉之后，每一朵小雌花会结出一颗黑紫色的小浆果。一串雌花结出的小浆果聚集在一起，就构成了春夏之交时，人们非常喜爱的桑葚。

桑（*Morus alba*）

桑俗称桑树，是地地道道的中国植物，它和桑蚕一道，创造了丝绸之路的经济奇迹。

乘风旅行的种子

风车、船帆、滑翔机……人们对风进行了许许多多的研究，创造出了各种各样奇妙的工具，用它来帮助自己劳动、航行、飞翔。在利用**风能**这一点上，很多植物也不遑多让。为了将种子播撒得更远，它们在千百万年的时间里演化出了各种奇妙的结构，让种子乘风旅行。

我和弟弟常常在草地上玩耍。有一次，弟弟跑到我前面，我装着一本正经的样子，喊："谢廖沙！"他回过头来，我就使劲一吹，把蒲公英的绒毛吹到他的脸上。弟弟也假装打哈欠，把蒲公英的绒毛朝我脸上吹。

—— 部编版小学语文课本，三年级（上）
《金色的草地》

悠扬的降落伞

　　说起靠风传播种子的植物，相信大部分人第一个想到的就是蒲公英了。一丛平平无奇的羽毛状叶子中支起一根光秃秃的细茎，上面顶着一个硕大的白绒球。哪怕是对植物再不感冒的人，见到这标志性的绒球时也会立刻认出它来，在心里悄悄想："哦，是蒲公英呀！"要是遇上一阵风，这个绒球顷刻间就会四散作一朵朵白色小伞，乘着风晃晃悠悠远去。若更巧是个晴朗的大风天，小伞甚至能随风前行几百里，去到另一座城市生根发芽。

蒲公英 (*Taraxacum mongolicum*)
整个北半球的草坪中随处可见的植物，也叫"婆婆丁"。

其实，被风吹出去的白色小伞并不是蒲公英的种子，而是果实，更准确地说，是小而干燥、果皮坚硬、只含有一粒种子的"**瘦果**"。蒲公英的白色小伞由三部分组成：作为主体的瘦果，瘦果上的梗，以及从梗的顶端辐射出来的近百条细丝。这些细丝由蒲公英的花萼发育而来，它们聚在一起，形成了有孔隙的冠毛体，也就是伞盖部分。能支撑如此出色的远行，蒲公英的伞盖绝不是泛泛之辈。相比于同面积的实心组织，这种冠毛体不仅能提供四倍以上的空气阻力，还可以通过小绒毛产生的绕流形成稳定的空气涡环，大大延长滞空时间，让种子能更大程度地借助风势飞远。

冠毛体

果实主体
种子在里面

槭树的翅果

槭属 *(Acer)*

人们常说的"枫",其实就是槭。这类植物中除了众多世界闻名的观赏树种外,还有像糖槭这样产出糖浆的植物。

旋转的竹蜻蜓

不只是草本植物蒲公英,槭属的乔木和灌木也依靠风力传播种子。**槭树**有着形状特殊的果实,名为"翅果"。单枚翅果像是一个被压扁了的羽毛球,它的外皮除了包裹头部的种子以外,还延伸出一片薄薄的单翼,怎么看也不像是能飞起来的样子。好在每一枚果实成熟前,槭树妈妈就已经给它安排好了搭档:槭树的果实一般两枚一组,头碰头连接成一对**翅膀**的形状。成熟并干燥后,它们就会分别脱落,随风起舞。

翅果也有自己独特而巧妙的滞空手段。**降落**过程中,由于气流对斜面的作用,翅果会像竹蜻蜓一样开始旋转,缓缓地落在地上。之后,或是就此落地生根,或是等来下一阵疾风,又开始新的旅程。不过,和蒲公英相比,槭树的飞行课成绩似乎并不理想,它的果实往往只会在空中滑翔一小段距离,最后盘旋着,落在一个不近不远的地方。

婆婆的针线包

　　与前边提到的两种植物不同，**萝摩**被风吹起来的就是实实在在的种子了。在成熟前，种子生长在果实里。萝摩的果实，果身椭圆，头部尖尖，上边长着很多小疙瘩，趁着鲜嫩时掰开来，里边还会流出乳汁。果实状如**羊角**，也像老奶奶的针线包，民间很多对萝摩的别称，比如"羊婆奶"和"婆婆针线包"，都是依据其样貌起的。

　　随着种子成熟，果实也渐渐干燥，由绿转黄，直至耗尽水分，啪的一声，从中间裂成两瓣。秋风呼啸，萝摩的种子迫不及待地从裂口处**飞出**，随风飞走了。不同于蒲公英的小降落伞，萝摩的种子和冠毛之间没有梗，而是从扁平、卵圆形的褐色种子顶端直接长出一撮白色的绢质种毛，更像个毽子。这种冠毛体也有不输蒲公英的兜风能力，能载着萝摩种子随风飞上几百米。

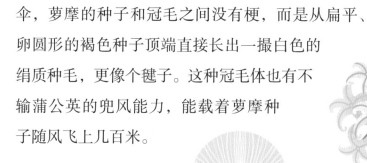

萝摩的种子

萝藦（*Cynanchum rostellatum*）

北方城市花园和山地路边常见的杂草，体内含有带毒的乳汁。

萝摩的果实

草原流浪汉

同样是乘风旅行，**风滚草**的画风似乎有些特别。与之前的三种植物不同，风滚草另辟蹊径，将主意打到了植株本身上。就好像是一场纸飞机比赛，其他选手正在调试机翼的角度，风滚草已经举着纸飞机直冲向了终点。

在美国中西部大平原上，大量风滚草随风滚动横越马路的场面，是一道令美国人头疼不已的独特"风景"。这些植物大多是

刺沙蓬（风滚草）(*Kali tragus*)

风滚草原产俄罗斯，是一种常见的戈壁植物，也是北美洲著名的入侵植物，生命力极强。随风滚动的能力也可以助其在天气干旱时搬家，这时它会将根收起来，滚动到适宜的环境后，再次扎根。

一年生的草本植物，到了秋天，它们靠近地面的茎部会变得非常脆弱，而更上端的茎还保留有一定的韧性。一旦遇到大风，风滚草就很容易折断，更上端的茎则维持住整体的球形，使得它能在草原上自由地随风滚动。

在滚动的同时，成熟的风滚草果实会裂开一道口子，以便于里面的种子掉出来，但这个开口处又长满了密密的绒毛，种子要出来得过好多道关卡，非常费力。于是，像某些糖果盒一样，风滚草的每一次弹跳碰撞，都只会从果实里撒出几粒种子，不会一股脑都倒出来。随后，风滚草乘风而去，在一个新的地方又撒下几粒种子，宛如一架播种机，将种子均匀地分撒在了旅途的每一站。

干燥后的果实慢慢撒落种子

苍耳妈妈有个好办法，她给孩子穿上带刺的铠甲。
只要挂住动物的皮毛，孩子们就能去田野、山洼。

—— 部编版小学语文课本，二年级（上）
《植物妈妈有办法》

动物皮毛传播的种子

在种子的传播中，"乘风旅行"显得过于被动，因为风来临的时间、方向和强度都是随机的，而且事实上，由于重力的束缚，自然界中多数种子飞不远。所以除风力之外，一些植物还有另一种富有智慧的策略——利用动物的**皮毛**传播种子。

从秋天到入冬的这段时节，在野外的树林里或草丛中游玩时，你可能会发现一些或大或小的"**刺儿头**"粘在鞋上、裤子上、衣服上甚至头发上，很难清理。但是不用为此过于烦恼，因为你可能在无意之间帮助它们开启了一场以繁殖为目的的伟大远行。

飞天刺球

　　大多数人对**苍耳**并不陌生，把苍耳粘到小伙伴的衣服、头发上或者是塞到书包里，是小时候恶作剧的常规操作。苍耳的外壳上有很多带钩的长刺，碰到皮毛和衣物，就会钩在上面，轻易不会掉下来。可以说这完全是苍耳的本意，它就是要依靠动物携带它们的种子来进行传播。

　　这样一个椭球，是苍耳的什么？一颗果实？一粒种子？都不对。作为一种菊科植物，苍耳同样具备**头状花序**。花序的中间是诸多的小花，外面紫色的看起来像花瓣的一圈叫作苞片，是用

这是雄花序

雌花序剖开是这样的

来吸引昆虫的特殊叶片；而苞片再往外，是一个绿色、长着密密麻麻的带倒钩刺的"碗"，这叫作总苞，可以保护里面的花。

一颗苍耳两个果

苍耳的花序分为雄花序和雌花序，每个雌花序里面有两朵小雌花。**受粉**后，每朵小雌花会长成一颗修长的小果实。这时，整个花序的外形开始发生变化，小花的花冠和苞片纷纷凋谢，总苞却老而弥坚。它变得越发干燥、坚硬，上面的开口愈合起来，将两枚小果实包裹在里面。也就是说，一颗苍耳是一个总苞包裹下的两颗果实。而总苞上曾经用来扎跑食草动物的刺，现在要让它的**小钩**来发挥作用了。偶然的机会，当牛羊等动物从旁边擦过，苍耳便会钩在它们的毛上，随之四处漂泊。偶然被蹭落在地上之后，里面的种子便在这里生根发芽，苍耳的任务终于完成了。

在西晋张华所著的《博物志》中，苍耳被称为"**羊负来**"，说的是当时四川生长的苍耳，乃是从洛阳赶往四川的羊身上所得，足可见这种植物的确具有强大的传播能力。

苍耳 (*Xanthium strumarium*)
苍耳的生命力极其顽强，在野外的路边非常常见。

虽然我也不知道
这是哪儿，但我到站了！

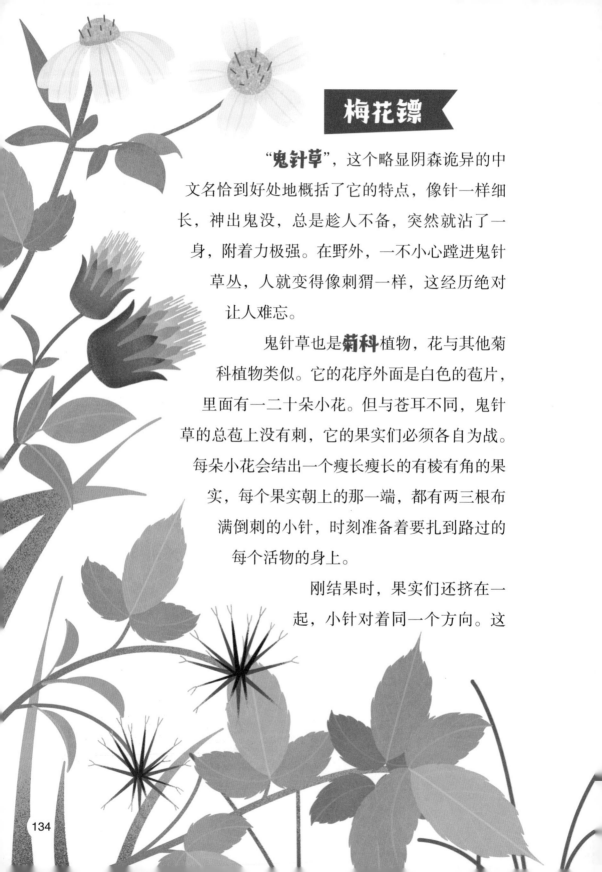

梅花镖

"**鬼针草**"，这个略显阴森诡异的中文名恰到好处地概括了它的特点，像针一样细长，神出鬼没，总是趁人不备，突然就沾了一身，附着力极强。在野外，一不小心蹚进鬼针草丛，人就变得像刺猬一样，这经历绝对让人难忘。

鬼针草也是**菊科**植物，花与其他菊科植物类似。它的花序外面是白色的苞片，里面有一二十朵小花。但与苍耳不同，鬼针草的总苞上没有刺，它的果实们必须各自为战。每朵小花会结出一个瘦长瘦长的有棱有角的果实，每个果实朝上的那一端，都有两三根布满倒刺的小针，时刻准备着要扎到路过的每个活物的身上。

刚结果时，果实们还挤在一起，小针对着同一个方向。这时的鬼针草花，与苍耳并称植物界"两大暗器"：苍耳像铁蒺藜，而鬼针草花则更像是飞镖——摘下整个花序，把有针的那面丢出去，镖无虚发。

但要附着在动物身上，这还不够。随着果实进一步成熟，外面的苞片、总苞等便都脱落了。果实们没有了束缚，开始向四面八方**散开**。这时从旁边走过，不论什么方向、什么角度，果实八成都会挂在衣物或毛发上。

相传，瑞士工程师乔治·德·梅斯特拉尔在森林中打猎时，发现他和他的狗浑身都是毛刺（一说是鬼针草的种子，一说是牛蒡），这些毛刺引发了他的好奇心。在显微镜下进行进一步的观察后，他发现这种倒钩刺状结构让毛刺可以轻易地钩在有毛圈结构的布料上，这一发现促成了**魔术贴**的发明。

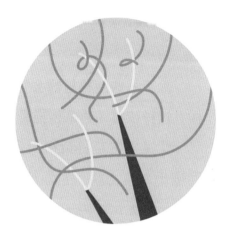

↓ 向鬼针草学习

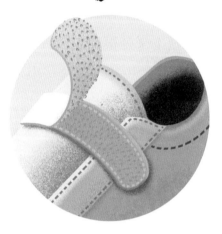

鬼针草 (*Bidens pilosa*)

鬼针草的分布广泛，我国从南到北都有，是山路边最常见的野草之一。

鞋带杀手

除了一些菊科植物会钩住人不放外，其他科的某些植物也同样有这种依靠动物来传播种子的策略。

常见的紫草科植物大多是乡下田野或路边很不起眼的杂草，混迹于百草之间。它们植株不高，开着不起眼的蓝色或白色小花，显得无比低调——除非你在它的丛中走一圈。

出来之后，你就会发现自己的鞋带解不开了。无数绿色的小果子布满了鞋面，将鞋带牢牢地"粘"在一起。想一把将它们全都撸下来是很难的，因为它们的附着力比苍耳强得多。唯一的办法是一个一个地将这些小果子摘下来，费劲透了。

同样是依靠动物传播，这些紫草科植物的果实更加低调迷你，不像苍耳一样张牙舞爪，也不像鬼针草一样锋芒毕露。比如

鹤虱 *(Lappula myosotis)*

认准这些白色或浅蓝色的五
瓣小花，否则鞋带不保。

鹤虱，小坚果只有几毫米长，边缘通常长着
1~3 行带倒钩的小刺，这些小刺的排列更
加紧密，一旦钩住动物皮毛，能够挂得
更牢。

　　就这样，这些不起眼的小种
子在人类与其他动物无意间
的帮助下，来到了一片新
的生境，开始繁衍生息。

父亲说："花生的好处很多，有一样最可贵。它的果实埋在地里，不像桃子、石榴、苹果那样，把鲜红嫩绿的果实高高地挂在枝上，使人一见就生爱慕之心。……"

—— 部编版小学语文课本，五年级（上）

《落花生》

独立传播的种子

"落花生"（俗称花生），乍听这个名字，似乎说的是花生会将花掉在地上，再在土里结果，长出花生来。这听起来太神奇了，但事实果真如此吗？毕竟，如果切断了与母体的联系，没有**营养物质**输入花的子房，落花生如何能长大呢？

果柄的功劳

从开花的时候起，花生便与众不同。它不愿意把花开在枝头，而是在叶腋处。远远看去，花生黄色的花躲藏在叶子的伞盖之下，并不十分显眼。这样会不会难以被昆虫发现? 没关系，花生是**自花传粉**的植物。况且，这样的开花位置还为花生结果提供了更大的便利。

传粉完成之后，花生花凋落，花柄的末端开始结出小小的花生果。这个时候的花柄就不能再叫花柄了，要叫"**果柄**"。不同于其他植物，花生的果柄拥有继续生长的能力。它不再指向天空，而是掉头向下，逐渐长长，朝着泥土延伸。此时的花生果还很小，它像果柄末端的长矛尖，能很轻易地扎进

落花生 (*Arachis hypogaea*)

花生本质上也是一种豆子，只不过它的"豆荚"比较短，比较坚硬而已。

神奇的果柄
立下大功 →

土中。果柄发挥着脐带一样的作用，不断将营养物质**输送**到花生果中；而花生果本身也可以直接从土里吸收营养，在土中不断长大，发育成熟。这是一个非常缓慢的过程，一颗花生果要先将果皮长大，再填饱里面的种子，前后大概有一个月的时间。与此同时，更多的花在植株上开放、受粉、凋谢，结出更多的花生。到果期的末尾，一株花生往往能结出四五十个荚果。

但接下来的问题很棘手：这样一来，种子可怎么**传播**出去呀？花生嘿嘿一笑："我自有妙计。"花生的原产地是南美洲，在那里，它们生长在靠近河滩的地方。花生荚果成熟的时间恰好与当地雨季的时间相吻合，暴雨一来，泛滥的河水就会将埋在土里的荚果冲走一段距离。

"即使传播不出去，也不是一件坏事嘛。"花生又说。花生是经营土地的专家，在根瘤菌等微生物的配合下，能够改善土壤的肥力、酸碱度和透气性，将脚下的土地变成适宜自己生活的土壤。如此一来，扩散反倒显得不那么有吸引力了，留在祖祖辈辈创造的温床上不是很好吗？况且，花生种子实在是道美味，所有动物都对它垂涎欲滴。为了防止被动物轻易吃掉，自己把自己埋起来是相当有必要的。

"先守好祖先留下来的土地，再找些偶然的机会扩散出去，这就是我的办法。"

自走型种子

芹叶牻牛儿苗是一种常见又令人难忘的植物：结果时，原本小小的花中突然长出了长长的"天线"。这根长长的"天线"是芹叶牻牛儿苗果实的果喙，植物学家常常形容它像鹭或者鹳的嘴巴。一株芹叶牻牛儿苗的好几朵花同时结果时，样子就像是一群鹳鸟齐刷刷地抬头望着天。

掰开芹叶牻牛儿苗的果实，里面总共有 5 粒种子，每粒种子都有一根长长的芒针，包裹在果喙中。这是一根有"魔力"的芒针，它的中下部可以在干燥失水的时候卷成葡萄酒开瓶器的形状，再在吸收到水分的时候伸展开，而末端的三分之一则始终是直的，当作"腿"来使用（姑且就这么叫它吧）。这正是芹叶牻牛儿苗种子能够行走的关键。随着果实成熟并慢慢干枯、裂开，芒针也因脱水开始卷曲，但由于果喙的束缚，卷曲始终无法彻底完成，芒针像扭曲的弹簧一样积攒了一股劲儿。直到果实彻底裂开的一瞬间，芒针的劲道终于得以释放——嘭的一下，种子被弹飞出几十厘米远，落在了地上。

它的独立生活开始了。

此时的种子处在彻底干燥的状态，芒针是完全卷起来的，腿横着甩向一边，撑在地上。它在等待着一场雨水。雨水降下来的时候，就是芒针吸水的时候，随着螺旋一圈圈被**打开**，撑在地上的腿便借着螺旋打开的力量，推动着种子在地上滚动。芒针彻底伸直，种子便无法继续前行，需要等待天气重新放晴。天晴后，在太阳的照射下，芒针将失去水分，再次卷起，卷曲的力量又推动着种子继续翻滚。这种运动多少有些漫无目标，种子随意地游荡着，直到某一刻，机缘巧合，脑袋一歪，栽进了土地表面的一个小缝隙里。

　　从现在开始，第二阶段的任务启动了，种子要努力将自己钻进土里。为了适应钻土的需要，种子主体的形状很像一个**钻头**。倾斜着栽进土缝里之后，腿也是倾斜着支撑在地面上的。芒针重复着之前吸水变直—脱水卷曲的套路，只是这时，它所提供的动力不会再让种子翻滚，而是旋转着向土中钻去，直到最后完全埋进土里。

　　不需要借助任何**外力**，芹叶牻牛儿苗就完成了自己的种子传播。你不必大惊小怪，植物界中还有其他好几个物种也会这么做！

芹叶牻牛儿苗 (*Erodium cicutarium*)

河边的沙地上常见的一种草本植物，在中国的分布很广泛。

脱水卷曲

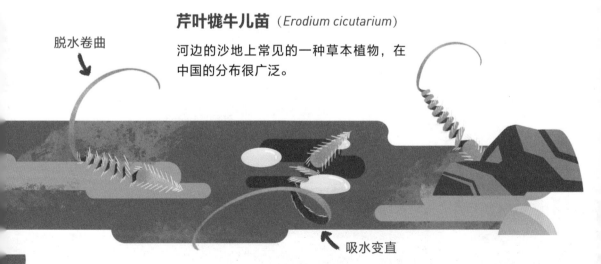

吸水变直

弹射传播的种子

有一种传播种子的方式，虽然并不是效果最好的，但绝对是最酷的——有些植物会利用**机械**的原理，将自己的种子抛洒、喷射、炸飞出去！也许费了半天劲，也只能飞出一米多远，但那电光火石的一瞬间，却绝对值得我们等待和观察。最有趣的是，为了把种子弹射出去，不同的植物采用的机械原理竟然五花八门，令人眼花缭乱。

啪！豆荚裂开来了。那五粒豌豆全都躺在一个孩子的手中。这个孩子紧紧地捏着它们，说可以当作玩具枪的子弹用。他马上把第一粒豌豆装进去，把它射了出去。

—— 部编版小学语文课本，四年级（上）
《一个豆荚里的五粒豆》

豌豆子弹？

　　豌豆的确是将自己的种子当作子弹打出去的，那它是用什么"武器"打出去的呢？秘诀，就在豆类果实豆荚上。

　　人类采收豌豆，都是在豆荚尚且鲜嫩饱满的时候，所以我们很少见到豆荚干枯的样子。但在野外不被打扰的情况下，豆荚的最终结果，就是逐渐失去水分而干枯。**豆荚**各个部位干枯的速度并不均衡，内部干枯得要比外部快。由于这种不均衡，豆荚的左右两瓣身上各自积攒了一股

豌豆（*Pisum sativum*）

原产地中海和中亚地区，是非常常见的作物。

扭转的力量。现在，约束这股力量的就是左右两瓣之间相连的那两条缝了，而随着豆荚继续干燥，越来越脆，这两条缝的连接也愈发脆弱。

终于，在两条接缝崩断的那一刻，豆荚的左右两瓣身上积攒的**扭转力**得到了释放。它们猛地扭转两三圈，形成了两个小螺旋。而正是这释放时的一甩，将原本在豆荚内部的种子甩飞出去，随机地飞向四面八方。

啪! 我们被甩飞。

内讧式播种

凤仙花是人们经常在庭院里栽种的植物，也是很多人童年时的"玩伴"，给大家留下了美好的童年记忆。要说这凤仙花，花虽可人，果实却脾气**火爆**——碰不得，轻轻一碰就爆炸。这究竟是何道理？

这个时候，我们有必要从果实的结构解剖上面来研究一下。凤仙花的果实不是像豆荚那样的左右两瓣，而是由4~5个（多数时候是5个）果瓣肩并肩围在一起形成的。这五兄弟，脾气是个顶个地大。它们每一个的身上都蕴含着一股强烈的将自己卷起来的力量。可正是由于肩并肩地围在一起，它们的力量反倒相互抵消了。凤仙花果实在五兄弟的激烈**对抗**中成

凤仙花（*Impatiens balsamina*）

也叫"指甲花"，花中的色素可以用来染指甲。

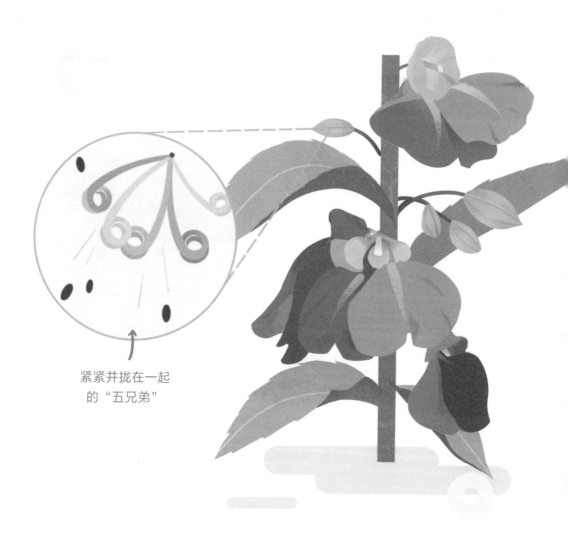

紧紧并拢在一起
的"五兄弟"

长，它越长大，这种对抗就越激烈。跟豆荚一样，维系五兄弟之间脆弱的平衡的是它们之间的那几条接缝。

要打破这种平衡，根本不需要等到果实干透的那一天。只要果实足够成熟，区区一滴雨水或是人类不小心一碰的力量，就足以**击破**其中某一条接缝。刹那间，五兄弟纷纷猛地卷起，巨大的力量使得整个果实分崩离析。果瓣卷起的力量、果实爆炸的力量，将肚子里的种子崩飞出很远。凤仙花的种子传播，竟是靠一场"家庭内讧"来完成的。

植物手榴弹

　　凤仙花果实虽说脾气火爆，但也仅限于"家庭纠纷"的程度。而另一种植物在传播种子的时候，却有着"枪林弹雨"的威力。来自热带美洲的**响盒子**，被认为是世界上最危险的植物之一。一小部分原因在于它有毒；一大部分原因则在于它的果实，可以说是一颗不折不扣的植物手榴弹。

　　响盒子的果实由至多 16 个弯曲的**果瓣**围绕着一个中轴构成，有点像个干燥版的橘子。在逐渐成熟和干燥的过程中，每个果瓣身上会积攒起强大的弹力。果瓣与中轴的连接比起豆荚和凤仙花更加紧密，这意味着它可以承受住更大的**弹力**，也意味着在这个弹力被释放的那一刻，会产生更大的威力。这些果实有些会落在地上，有些会被好事的人拿来敲一下，然后便猛地爆开，声音之大如同一声枪响。

随着爆炸，每个果瓣会裂成两瓣飞出，而种子则以高达 250 千米／时的速度飞溅开来。可想而知，这会像手榴弹里的钢珠一样造成伤害，虽然威力不如真正的手榴弹。被研究者拿到地上的果实，最远可以将种子炸飞到 30 米开外；而留在树上的果实传播种子的最远记录是 45 米。这是已知的弹射传播种子的植物中，种子飞得最远的。

响盒子（*Hura crepitans*）

响盒子的树干上布满尖刺，算是它的一个识别特征。我国海南文昌和海口有栽培。

↑
裂开的果瓣和
种子

第5章

植物如何度过冬天?

对于处在寒冷地带的植物来说，冬季的到来是一件极其严肃的事情，它对植物提出了三大难题。一是寒冷，这会让植物的一切生理活动难以进行，还会让细胞里的水结冰，破坏细胞结构。二是干旱，液态水被冻成了固态——冰和雪，这样的状态下，水无法被根系吸收。三是"饥饿"，因为绿色部分掉落并枯死了，这让植物在冬季失去了制造营养的能力。

但植物们自有一整套环环相扣的办法，成功破解了寒冬带来的生存危机。

天气凉了，树叶黄了，一片片叶子从树上落下来。

——部编版小学语文课本，一年级（上）

《秋天》

黄叶与红叶：秋天的准备

一叶落而知天下秋，花草树木往往能先我们一步**感知**季节的变换。对于大多数树木，也就是那些冬天需要落去叶子的树木来说，从入秋起，就要开始未雨绸缪了。亿万年来的演化让它们学会了开源节流：减少消耗，积极"囤粮"，这是维系**生存**的不二法门。于是，我们看到了漫山红叶的美景——"停车坐爱枫林晚，霜叶红于二月花"；也为纷纷落叶随风离去而感怀——"无边落木萧萧下，不尽长江滚滚来"。

绿色工厂的停工

树叶的细胞里富含一种绿色的色素——叶绿素。它们在叶肉细胞的"能量工厂"中工作，通过**光合作用**，把太阳中的能量转变成植物可以利用的有机物质——糖类等，为整个大家庭的健康成长贡献力量。产出的糖会被运输到植物的各个部位，用掉或储存起来。完成使命的叶绿素会被**分解**，新的叶绿素不断产生，在动态循环中保持相对稳定的数量。正由于叶绿素是健康叶片中最主要的色素，多数树叶才会呈现出青翠的绿色。

秋天已到，准备停工！

夏去秋来，随着日照变短，天气转凉，植物开始为**落叶**做准备。叶片工厂的"原材料"——太阳光减弱，产

量也就变少了。工厂经营不力，只能减少员工。秋风四起时，本就不耐低温的**叶绿素**逐渐被分解，数量越来越少。叶绿素分解后的物质被转运到树干、根等部位储存起来，留待明年重新利用。同时被分解回收的还有叶子里的其他一些有用的物质——能省则省嘛。

随着叶绿素被分解，叶子里原本被叶绿素所掩盖的其他色素便占据了上风。**红橙色**的类胡萝卜素和黄色的叶黄素很顽强，不怕低温，正是它们使秋天的叶子呈现出黄色。

那些秋天变红的树叶，比如北方常见的黄栌和槭树、南方常见的乌桕和枫香，则都要归功于一种并不一直存在的色素——**花青素**。叶绿素被分解后，叶片会进入一种不安全的状态。负责吸收光能的叶绿素少了，但光能本身并没有减少，那些多出来的可见光和紫外线就会破坏细胞中的结构物质，使叶片提前死亡。这个时候，工厂搬迁可还没完成呢。为了**保护**叶片，这类植物在秋天主动合成了很多花青素，这种色素能够吸收和储存过剩的光能，并且为叶片涂上烈火般灿烂的红。

叶落归根

植物主要依靠高处树叶的蒸腾作用，使高处的水压降低，形成一个**拉力**，拉动水分自下而上地运动，引导根部从土壤中**吸水**。也就是说，植物要想吸水，先要失去水。如果吸进来的水还没有蒸腾掉的多，叶片工厂就面临着入不敷出的窘境了。冬天，北风渐起，一天冷过一天。土地里的水都结了冰，无法被根系吸收；光线越来越弱，难以满足叶片工厂的开工需求，工厂又缺乏"资金"，只能被迫暂时关停。于是，就连变黄的叶子也再无法支撑，只能落叶。

"叶的离去，是风的追求，还是树的不挽留？"曾有文艺青年深情发问，却得到学霸无情的回答："是因为**脱落酸**。"脱落酸是一种抑制植物生长的激素，在气温降低、水分不足时，就会在植物体内大量生成。它们促进叶柄与茎的连接处形成**离区**，将两边的细胞分隔开。这时，由于风吹和叶片自身的重力，叶子就自然而然地脱落了。树叶经过一生的工作，已经将足够的养分传递给了树木。在少了树叶的"拖累"后，树木依靠自身的储备，也有更大的把握迎接冬天了。所以说，叶的离去，既是因为风的追求，也是因为树的不挽留，还是因为脱落酸的毒手。

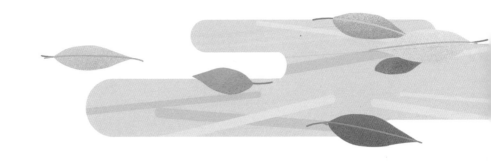

休养生息

　　树叶脱落前，树叶工厂中有价值的东西，比如蛋白质，已经被分解为氨基酸回收运输到枝条、树干、根系中储存起来了。在此之后，树木就进入休眠状态，仅保留呼吸等简单的生理机能，为春天的萌发积聚能量。此时，树木体内储藏的养料被转化为淀粉等糖类，以及蛋白质和脂肪，保存在根部、树干、枝条中那些柔软而丰满的薄壁细胞里。它们既是营养，也是防寒物质，溶解在细胞液里或附着在细胞表面都可以防止水结冰，冻坏细胞。

　　树皮外面还会形成一层粗糙的"甲胄"，紧紧包着树干，阻挡严寒。那就是木栓组织，也叫"软木"，它不透水不透气，可以阻止热量向外散发，木栓层越厚，树木的抗寒能力越强。在树干内部，还有一层木质细胞，它们坚硬牢固，牢牢支撑着树木，防止其被寒风摧毁。诸般准备已就绪，冬天，来吧！

这一部分是边材，薄壁细胞较多，储存着大部分营养物质

落叶与常绿：掉不掉叶子？

美丽的小兴安岭是一座大自然的宝库。这里的森林里生长着无数种树木，有些树的叶子很宽大，我们叫它们阔叶树；有些树的叶子则像细细的针，我们叫它们**针叶树**。每当冬天到来，我们看到的落叶多半来自桦树、栎树这些阔叶树，而松树的针叶却好好地留在树上。关于为什么会落叶，上一节已经讲得很清楚了。但为什么有些树会选择将叶子留在枝头呢？

秋天，白桦和栎树的叶子变黄了，松柏显得更苍翠了。秋风吹来，落叶在林间飞舞。

—— 部编版小学语文课本，三年级（上）
《美丽的小兴安岭》

针叶越冬的秘诀

　　所有冬天不掉叶子的树，我们统称为**常绿树**。这样的生活方式当然有它的好处：在秋末和初春，甚至在冬季，常绿树仍然能够进行光合作用，获得营养。同时，不落叶就意味着可以把一些营养元素，比如氮、磷、钾、钙、镁，一直留在叶子里，不必回收，如果正好生长在贫瘠的土壤上，这能帮助常绿树更好地生存。随之而来的问题当然是：流失怎么办？水分结冰怎么办？

　　别急，松树自有妙招。

普通阔叶的横截面　　　　　　松针的横截面

针形的叶子本身就是一大优势，同等重量下，这样的叶子表面积远远小于阔叶，能够有效地减少水分的蒸发。此外，松针的外面有一层厚厚的角质层，同样能够锁住水分。

结冰对于植物细胞的危害很大。水在结冰时体积会膨胀，并且冰的晶体上有很多尖锐的棱角，很容易将细胞胀破。为了防止叶子里的水分结冰，松树采取了很多更加先进的办法。它们会将一部分的水分从细胞中挤出来，挤到细胞之间的空间，让细胞里没那么多水可结冰。而细胞里剩下的水中，则**溶解**着很多淀粉。（溶液的浓度越高，也就是水里溶解的物质越多，就越不容易结冰。）这种提高体液浓度的方式也是各种生物防止结冰的常用办法。如果天气实在太冷，松针的细胞里面还会产生专门抗结冰的蛋白质。这些蛋白质会与水分子结合，改变冰晶的形态，让棱角尖锐的冰晶，变成六边形的冰晶，减小它对细胞的伤害。

落叶松属 (*Larix*)

落叶松通常生长在纬度更高（在中国也就是更靠北），或者海拔更高的地方。

落叶的松树

　　当然，世上总有例外，并非所有的松树都是常绿树。大名鼎鼎的落叶松，一听名字就知道，这些松树冬天会落叶！它的特征在夏天就可以感受到：落叶松的松针更短、更密、更软，并且不那么尖锐。落叶松生长的地方往往更加**寒冷**，这使得冬天的光合作用变得很弱，也就不需要保留松针了。而且，寒冷地带的大雪会压在树枝上，如果保留松针，就会积存更多的雪，把树枝压断。在这种山火频发的地带，落叶的特性还赋予了落叶松更强的抵抗火烧的能力。落叶松的松针总是新长出来的，更加鲜嫩，水分饱满，也就更不容易被点燃，就算不幸被烧掉了，也比较容易长出来。很多时候，**山火**会烧死一大片树木，但落叶松往往是那个唯一的幸存者。

不落的阔叶

生活中只要留心你就不难发现：在北方大地上，除了松柏以外，一些阔叶植物也不会掉叶子。城市道路两边的灌木**绿化带**多是这种植物，比如冬青卫矛。用手摸一摸这种植物的叶子，就能得到与落叶植物截然不同的手感：更厚实，更坚韧，表面更光滑。这样的质感一部分来自排列更加紧密的细胞，另一部分则来自叶子表面厚厚的**角质层**。阔叶常绿植物叶片上的气孔更少，再加上角质层的保护，能够保证自己几乎不失去水分，平稳地度过冬天。

冬青卫矛（*Euonymus japonicus*）

城市里随处可见的绿化带灌木，往往被修剪成一定的形状，如方形或者球形。

多年生的地下器官

春生夏长，秋收冬藏。大多数草本植物经历过四季轮回后，就走到生命的尽头了，种子会将它们的家族**传承**下去。可另一些草本植物，却怀揣着"向天再借五百年"的雄心壮志，想多活几年，再多活几年。

冬季的低温和干旱，草本植物无法躲避，它们没有鸟类的翅膀可以飞向温暖的南方，也没有哺乳动物的皮毛护体。于是有的植物干脆**放弃**耗费能量的地上部分，躲进地里，进化出了千奇百怪、能生存多年的地下部分。

离离原上草，一岁一枯荣。
野火烧不尽，春风吹又生。

—— 部编版小学语文课本，二年级（下）
《赋得古原草送别（节选）》

花叶不相见

有一种植物，开花的时候不长叶，长叶的时候不开花，秋风萧瑟的荒野坟地时常出现它妖异绝艳的花朵。于是人们将一些传说故事套在它身上，强行赋予了它某些神秘含义。这就是传说中的"**彼岸花**"——石蒜。

石蒜，长在石缝中的"大蒜"，因其多年生的地下**鳞茎**很像蒜而得名。它特殊的生长方式也很诡秘：春天是石蒜长叶子的季节，长长的叶子从鳞茎中直伸出来，近似百合或者兰花；可当万物蓬勃的夏天到来时，这些叶子又全部枯萎，让石蒜看起来像是已经死去。它当然没有真正死去，它的鳞茎还活着，将叶子在枯死前制造的营养储存在鳞茎里，度过炎热的夏天。秋天到来之后，石蒜重新**启动**，这一次不再长叶，而是直接开出了火红而灿烂的花。到秋季之

石蒜的鳞茎
和叶子

末，这些花朵也将凋零，石蒜将再次仰仗地下鳞茎中的营养，度过冬天，等待第二年春天再次长出新的叶子。

石蒜通常不结果，繁殖也全靠鳞茎。鳞茎会向四周长出许多小鳞茎，子又生孙，所以我们通常看到的石蒜花都是一丛一丛密密实实的花束。它的鳞茎还有极强的**再生**能力，如果被破坏，便干脆借势发育成好几个小鳞茎。石蒜就这样靠着它顽强的鳞茎，在人类的地盘肆意扩张了起来。

石蒜 (*Lycoris radiata*)

著名的园艺观赏植物，各大植物园的标准配置。

这一块就是根状茎

绝壁奇花

独根草应该是北京最先闻到春天气息的野花之一了。独根草喜欢生长在断崖上，将根深深地扎进石缝，吸取崖壁上不多的水和养分。根上还能分泌**酸性**物质，慢慢腐蚀掉岩石，一点点扩大自己的生存空间。而储存营养的根状茎则像老树根一般，盘在石缝口，寻常不易发现。

等到第一缕春日暖阳照射过来，一支支没有分枝的花葶从根状茎上棕褐色的芽鳞中萌出，伸出石缝，粉嫩的花枝点缀在峭壁上，整个崖壁都忽然有了精气神，是京郊春初最明亮的色彩之一。这让它耗费掉贮藏了一冬的大部分养分，为此，在后面的日子里，连叶子也只肯长个三五片，凑合够用就行了。

到了秋天，**叶绿素**渐渐褪去，独根草的心形绿叶逐渐变成红叶，直至掉落，根状茎又要开始积蓄养分，待来年继续供养出在绝壁上点亮京郊春天的奇花。

独根草（*Oresitrophe rupifraga*）
北京花友圈子里的"绝壁三花"之一，每年都会有人驾车去郊区的崖壁上给它们拍照打卡。

地里有藕

在成都周边，人们常常会在一些贫瘠难垦的地里种一种草药。因为它的肉质根外表土黄，粗细均匀，所以被人们误称为"党参"。其实它是鸭跖草的近亲地地藕，顾名思义，就是长在地里的"藕"。

地地藕的茎细长柔弱，整个植株匍匐生长，靠近地面的节上会长根。根有两种：一种是多分枝的须根，主要功能是吸收土壤中的水和养分；另一种就是肉质根，少则一条，多则数条。这种**肉质根**一环一环的，看起来很像天门冬的地下块茎，所以也叫"天门冬状根"。冬季，地上植株枯萎后，地地藕的天门冬状根便会凭借积蓄的大量**淀粉**，继续蛰伏在地里。每簇天门冬状根的顶端还伴生有至少一个芽，来年春天，每个芽都可以在天门冬状根的供养下成为一个新的植株。

除了储蓄养分，粗壮的天门冬状根还能起到**支柱**的作用。在一些近水的田地生长的地地藕，天门冬状根会将植株撑离地面，避免地面过于潮湿的水汽导致茎叶腐烂。

地地藕 (*Commelina maculata*)

地地藕由于口感鲜脆，成了酱菜中的宠儿，也有人喜欢用它炖菜，有一个通俗的名字叫"地环儿"。

后记

　　植物不会走路，却几乎遍布地球的各个角落，这不能不说是一个奇迹。这个奇迹的产生离不开植物强大的适应能力和充满智慧的生存策略：调整自身结构适应周围环境，如气候、土壤酸碱度、水分等的变化；或者借助外力完成各项特殊任务，如借助风力或动物传播花粉和种子……就这样伺机而变，步步为营，稳扎稳打，植物适应了自己的环境，或是成为广阔天地中无处不在的成功者，或是成为特殊生境里专适一隅的特殊物种。小学语文课本里还有很多我们书中没有讲到的植物，它们身上同样有很多有趣的地方，能够帮助我们更加深入地了解植物的适应能力和生存策略。

　　　　　　小娃撑小艇，偷采白莲回。

　　　　　　不解藏踪迹，浮萍一道开。

　　古诗《池上》中的浮萍是一种常见的浮水草本植物，它不必扎根于泥土中，而是漂浮在水面上。浮萍的叶子一般是椭圆形的，每个植物体有一到四片叶子，每片叶子对应着垂在水面下的一条短根，叶子中有容纳空气的小小空间来帮助自己漂浮。除了有性繁殖，浮萍还能无性繁殖，不需要经历开花结果的步骤。当它们盖满了整片水面之后，就需要根来帮助扩散了。根有一定的黏性，能够轻松地附着在水鸟的腿上，跟着水鸟到下一片水域，继续生长。

> 我看到的杨桃根本不像平时看到的那样，而像是五个角的什么东西。我认认真真地看，老老实实地画，自己觉得画得很准确。

《画杨桃》中的杨桃（正式名称叫"阳桃"）也很有意思，这种植物会"动"。当遇到食草动物的啃食时，它会在 20 秒左右的时间内把叶片耷拉下来，让自己看上去蔫巴巴的，好让食草动物没有胃口吃它。这要归功于叶柄基部的"叶枕"部位，受到刺激时，它就会利用渗透压差，将叶枕下侧的水分输送到上侧，这样，上侧的细胞吸水膨胀，下侧的细胞失水萎蔫，叶子自然就耷拉下来了。

这就是植物的生活，虽然不会动，但强大的适应力、坚实的防御力和出色的传播力，总能让它们见招拆招，在残酷的世界中生存下来。这是陆地环境中最重要的一件事，正是靠着植物的光合作用，将无机物变成有机物，动物、微生物才有了食物的来源。

本书的出版经历了十分艰辛的创作和编审过程。感谢各位文字作者的潜心创作。感谢独见工作室美观且准确的插画，以及不厌其烦的反复修改。中信出版集团的鲍芳、明立庆、杨立朋老师在策划和编审环节提供了大量专业建议，为全书的体例和语言确立了标准。顾有容老师对稿件进行了细致认真的科学审稿，斧正了我们的很多错误。很多其他朋友也提出了宝贵意见或知识，在此一并感谢。

执行主编 罗心宇